# 焦虑缓解手册

在贩卖焦虑的时代
治愈焦虑

[美]
埃德蒙·伯恩
阿伦·布朗斯坦
洛娜·加拉诺
著

杨霏儿
译

如何
从焦虑中自愈

# NATURAL Relief for ANXIETY

EDMUND J. BOURNE
ARLEN BROWNSTEIN
LORNA GARANO

CTS | 湖南人民出版社

**图书在版编目（CIP）数据**

焦虑缓解手册 / （美）埃德蒙·伯恩（Edmund Bourne），（美）阿伦·布朗斯坦（Arlen Brownstein），（美）洛娜·加拉诺（Lorna Garano）著；杨霏儿译. —长沙：湖南人民出版社，2020. 4（2022.6）
ISBN 978-7-5561-2427-5

I. ①焦… II. ①埃… ②阿… ③洛… ④杨… III. ①焦虑—心理调节—通俗读物 IV. ①B842.6-49

中国版本图书馆CIP数据核字（2020）第035813号



JIAOLÜ HUANJIE SHOUCE：RUHE CONG JIAOLÜ ZHONG ZIYU

# 焦虑缓解手册：如何从焦虑中自愈

著　　者：［美］埃德蒙·伯恩　阿伦·布朗斯坦　洛娜·加拉诺
译　　者：杨霏儿
出版统筹：陈　实
监　　制：傅钦伟
产品经理：刘　婷
责任编辑：李思远　田　野
责任校对：谢　喆
封面设计：吾然设计

出版发行：湖南人民出版社有限责任公司［http://www.hnppp.com］
地　　址：长沙市营盘东路3号
电　　话：0731-82683357

印　　刷：长沙超峰印刷有限公司
版　　次：2020年4月第1版　2022年6月第8次印刷
开　　本：880 mm × 1230 mm　1/32
印　　张：8.625
字　　数：150千字
书　　号：ISBN 978-7-5561-2427-5
定　　价：49.80元

营销电话：0731-82683348（如发现印装质量问题请与出版社调换）

作为一名在日常社会执业的自然医学医师，我经常会遇到饱受广泛性焦虑症和惊恐性障碍折磨的患者。我常会给这些患者推荐伯恩写的几本书，他们都认为这些书内容丰富，让他们能够学习到一些应对有关症状的方法，并最终彻底摆脱他们的担忧和恐惧。

这本最新出版的作品清晰地概括了许多解决焦虑和其他相关障碍的有效方法，很多自然疗法医师和全科医生都会在临床中采取这些策略，其针对的相关病因包括饮食结构、低血糖、肾上腺疲劳、毒副反应、经前期综合征以及缺乏体育锻炼。

如果遵循本书的建议，改善饮食结构和生活方式，那么焦虑和恐慌的症状就一定会逐渐消失。

迈克尔·特劳布，护理学博士，美国自然疗法医师协会前主席，自然医学医师，供职于夏威夷州卢阿科纳及加州马林郡的私立机构

# 目录

# 概述

对于很多人来说，焦虑是生活难以避免的一部分。大部分人在日常生活中都会为经济、健康及家庭等原因感到担忧。大约15%的成年人都患有可诊断的焦虑障碍，包括惊恐发作、广场恐惧症(包括其他多种恐惧症)、社交恐惧症、强迫性障碍以及创伤后应激障碍。显然，现代社会中，快节奏的生活、复杂的关系、社会疏离感以及缺乏可靠的共识都会给人们带来压力。无论你是因日常琐事感到烦扰，还是已经出现了更为严重和持久的特定焦虑障碍，本书都会为你提供多种多样的方法，帮助你找到更加平和、安宁的生活方式。

许多著作都讲到过针对焦虑和焦虑障碍的传统疗法。我在《焦虑与恐惧症手册》(*The Anxiety & Phobia Workbook*)和《应对焦虑》（*Coping with Anxiety*）两本书中提及了这些治疗方法，市面上其他的优秀书籍也大多有所涉及。针对焦虑障碍的传统治疗方法结合了认知行为疗法(Cognitive Behavioral Therapy, CBT）与处方药物。

认知行为疗法一般包含放松疗法，即用更加现实、积极的自我对话来代替可怕的假想；以逐步递增的方式，让患者面对引发恐惧或其想要逃避的情境。本书的第一、四章也提及了一些认知行为疗法的方法。另外，尽管处方类药物对严重的焦虑症来说有很好的疗效，但本书对这种疗法并无涉及。

本书所倡导的独特方法强调运用严格意义上的自然疗法来应对焦虑，这种方法对于日常出现的焦虑状况，或轻度至中度的焦虑最有帮助。轻度至中度的焦虑症意味着焦虑所带来的问题有时会让你感到非常困扰，也会偶尔或在一些特殊场合带来一些苦恼。但是，这些症状并不会影响你的主要生活，不会给工作和人际交往造成障碍，症状持续的时间也不会多于半数的时间。轻度至中度的焦虑表示你可以处理好自己的焦虑，但是也希望能够获得一些额外的帮助。而更加严重的焦虑状况则很难通过自身的调节去应对，因此最好结合本书中提及的认知行为疗法和药物进行治疗。举例来说，如果患者每天都出现惊恐发作的情况，同时还有严重的社交恐惧症(身处任何群体当中都感到非常恐惧)，强迫症或创伤后应激障碍，那么患者除了应当运用本书中描述的一系列方法之外，还需按疗程服用药物。在《焦虑与恐惧症手册》(*The Anxiety & Phobia Workbook*)一书有关药物的章节中，有对于药物治疗的深入探讨。

本书中所描述的自然疗法与主流的认知行为疗法及

药物有两点主要的区别。第一，书中所提到的大部分方法都还没有作为治疗方法经过实证研究的证实。但是已经证实的是，这些方法对大量出现焦虑症状及一系列其他症状的人有所帮助。从客户给我的反馈当中可以很明显地看出这一点。除此之外，全球数以千计的全科治疗师都认为，诸如饮食结构调整、使用草本药物、冥想、瑜伽、按摩以及针灸等治疗方式有显著的作用。

同时，也有一些报告支持这些物理疗法的有效性，只是没有专门针对其中每一种方法在焦虑方面的疗效的具体研究。我建议读者可以尝试书中提及的每一种方法，每天坚持一种方法（或几种方法）并持续一个月，然后评估一下这种方法对自身的作用(按摩、针灸和脊椎护理，每周进行一次并坚持一个月即可)。

第二，与主流方法相比，本书提及的方法基本上都更关注整体性，旨在提升整个人的状态。认知行为疗法主要解决的是两个方面的问题，即认知(假设与信念）以及条件作用下的既成习惯；而药物仅可以解决大脑中生理或神经递质的失衡。本书提出的方法则不是针对某一种特定行为或特定的大脑生理现象，而是将患者作为一个整体来看待。在阅读本书的过程中，你将学会：

如何通过改变饮食结构和使用营养品来让自己一天的心情更为平和；

如何通过调节低血糖、食物过敏、肾上腺疲劳、念球菌病、毒素、经前期综合征以及季节性情绪障碍来缓解焦虑，增强幸福感；

如何通过简化自己的生活达到内心平和；

如何通过规律性的冥想减少忧虑和情绪反应；

如何通过调整自己的精神状态深度治愈自己的身心。

掌握这些方法中的任意一项都可以从整体上改善你的生活，从而改善焦虑的症状，包括日常忧虑、惊慌、广泛性焦虑以及恐惧症，此外，抑郁、头痛、失眠、情绪起伏不定、易怒等症状也会有所缓解。简言之，你整个人的状态都会好起来。

据我所知，本书提供的一些材料在其他关于焦虑的自我帮助类书籍中从未提及。而且我们在第五章所讨论的一些会影响焦虑的健康状况（肾上腺疲劳、念球菌病、一般毒素、重金属毒素以及季节性情绪失调）在其他我阅读过的关于焦虑的书籍中还没有探讨过。然而探讨这些状况与探讨其他如低血糖或食物过敏等更为常见的情况同样重要。有一些书提到瑜伽是一种有效的方法，可以帮助患者放松，达到内心平衡，从而缓解焦虑，而我认为太极和气功也有类似的功效。最后，书中有关精神性的章节所介绍的则是一种在大多数自我帮助书籍中常常被忽视的观点。

根据我的个人经验，包括我自己的焦虑症(同时出现强迫症与惊恐性障碍）的恢复过程，以及我的许多客户的恢复过程，我决定在书中加入这些平时比较少见的方法。冥想、瑜伽、饮食结构调整、排毒、草本药物、按摩、脊椎护理以及精神性练习，对我个人以及我帮助过的许多人都有很好的效果。所以我强烈鼓励大家去尝试一下。如果你已经在接受针对焦虑的认知行为治疗或药物治疗，那也可以将这些方法用作治疗之外的辅助疗法。我相信，你一定不会后悔的。

这本书涉及的大部分议题都只是最为简要的概述。而饮食结构、草本药物、营养品、低血糖、食物过敏、排毒、冥想、瑜伽、气功、简化生活以及精神性的自我帮助等内容，都有很多专门的著作对其展开论述，所以在本书的结尾，我也提供了一个按照话题分类的推荐书单。

我衷心祝愿你能够战胜焦虑，也希望书中所提到的自然疗法能对你有所帮助。帮助缓解焦虑的方式有很多，所以我相信，只要你坚信自己能够摆脱焦虑，就一定能够恢复身心健康。

# 第一章

# 放　松

大多数人都认为，我们生来就知道该如何放松，就像走路和睡觉一样，不用努力学习也可以做到。所以，我们总是随随便便就告诉自己“放松点”，但最终却沮丧地发现并没有什么用。其实，要想做到真正的放松，需要运用一些特殊技能。从这个角度来看，放松其实更像弹钢琴而不是睡觉，需要主动练习才能熟练掌握。在学钢琴的过程中，我们每天都要花一定的时间练琴，学习放松也一样。通过坚持练习本章的放松方法，焦虑的症状将会逐步减轻，同时你还可以掌握一些重要的技能，这样一来，当焦虑的症状再度出现时，你就知道该如何应对了。

## 放松状态的四个表现

怎么才能知道自己是真的放松下来了呢？真正的放松状态有以下 4 个特征：

1. 能够轻松自如地深呼吸，胸腔和腹腔都可以完全打开。

2. 全身肌肉松弛柔软，而非处于紧绷状态。

3. 心跳平稳，全身血液循环顺畅规律，不会出现双手双脚冰凉的情况。

4. 头脑冷静，思维清晰；能够集中注意力而不易分神。

## 放松状态的生理学原理

处于放松状态时，自主神经系统中的副交感神经系统会变得活跃。副交感神经系统主要负责保持体内器官系统在平静状态下的正常功能，而交感神经系统的作用则正好相反，它负责在出现危险时激活整个身体做出“战或逃”的反应。交感神经系统受到刺激会导致心跳加速、呼吸急促、血压升高以及新陈代谢亢进，并引起肌肉收缩，同时向身体释放信号分泌肾上腺素，这种激素可以促使人紧张兴奋，反应敏捷。这一过程是出现焦虑和压力的一个重要原因。而副交感神经系统则会向身体的所有器官释放缓和信号，放松全身肌肉，并让整个身体在经历过一段时间的压力后可以得到休息。

对那些感到焦虑或压力很大的人来说，他们的交感神经系统大多时候都处于高度活跃状态，通俗来讲，就是他们总是“神经紧张”“焦虑不安”，即使是在逐渐冷静下来的时候，只要外界有一点小状况，他们就会立刻重新警惕起来。在长时间保持高度兴奋后，交感神经系统就“学会”了对非常微小的刺激也做出反应。在这种情况下，就可能会引起急性焦虑症。

从最基础的生理学角度来看，练习放松意味着加强激活副交感神经系统的倾向，并使交感神经系统不因受到轻微的刺激就被激活。激活副交感神经系统的倾向有时被称为副交感神经支配。幸运的是，人们可以通过练习学会副交感神经支配的技能，下文中的一些练习就可以帮助你掌握这种能力。

## 让放松成为生活的重心之一

调整生活的重心并非易事，因为这需要我们重新审视自身的一些价值观、信念和生活态度，而这一切可能都是根深蒂固的想法，我们很少会注意到它们。特别是在我们的文化背景下，将放松放在与家务劳动、职业目标与个人责任同等重要的位置似乎特别不合常理。毕竟从小到大所接受的教育都告诉我们要成功、要把事情做好、要完成我们的任务，好像从来没有人鼓励我们去把时间用在放松这件事情上。此外，现代科技不断进步，我们的生活节奏也不断加快。放松需要我们有意识地去对抗现代社会中先进技术所带来的价值观和节奏，所以也难怪很少有人在日常生活中能够真正去重视放松这件事了。

尽管让放松成为生活的重心看起来很难，但如果你希望自己的生活更加平和，不会经常为焦虑所困扰的话，还是应该努力去尝试一下。要时刻记住，放松与走神或其他的休闲娱乐活动不能混为一谈，这样，让放松成为生活的重心可能就会相对容易一些。你需要慢下来并且思绪完全处于停止状态，从而让自己进入一种深度的平静状态，而在看电影或玩电脑游戏的时候是无法达到这种状态的。

放松在生活中的重要性，归根结底取决于内心平静对你来说有多高的价值。只要你想的话，花时间放空自己以寻回内心的平静就可以成为生活的基础。但这就需要你把放松这件事放在与家庭责任、工作、娱乐以及追求其他个人目标相同的位置上。对时间和精力的分配，可以反映出你认为自己是什么样的人，以及你想成为什么样的人。如果你从内心深处就认定心灵平和非常重要的话，那么你就会选择投入一定的时间来练习放松。

## 让人难以彻底放松的几种心态

以下这几种常见的心态让人难以放松下来，甚至会起到相反的作用。

●○**我太忙了，没有时间放松**。这种想法其实就代表放松对你来说没有那么重要，因为我们都是根据事情的重要性来分配时间的。只要你足够重视放松这件事，就一定能挤出足够的时间来。

- ○ **放松太无聊了**。如果你觉得放松很无聊的话，那就说明你并不了解在真正放松的状态下，你会感到多么清醒和有活力。或许你还没有掌握深度放松的技巧。坚持练习，总有一天你能够体会到深度放松所带来的帮助。

- ○ **我有时候会看电视或看报纸，这难道不是放松吗**？放松并不是一种消遣，而是通过身心宁静而达到的一种内心愉悦的状态。

- ○ **我要照顾别人**。是把时间用来放松，还是用来照顾其他人，这其实还是在于你认为什么事情更加重要。尽管在一开始可能很难挤出时间来放松，但如果你能更好地照顾自己，那些需要你来照顾的人也会从中受益。

- ○ **我缺乏自律性**。如果你觉得自己缺乏自律性，很难坚持练习放松的话，可以尝试一下 3 周定理，也就是如果你能够每天坚持练习深度放松，持续 3 周之后，放松就会变成像刷牙一样平常。

- ○ **我太紧张了，很难放松下来**。因为太紧张而难以放松可能确实是个问题。你可以选择先去运动，最好让自己大汗淋漓，精疲力竭。释放了多余的肾上腺素和能量之后，就更容易放松下来。另一个方法就是去做一场背部按摩，无论多么紧张，按摩一下总会感觉好一些的。

- ○ **放松没什么用**。如果你认为放松没有什么用处的话，不妨想一想，你是否真的认真尝试过。如果是以前的一些经验让你认定放松没有用的话，那可能是因为你坚持的时间不够长。

- ○ **我不敢放松下来，因为我害怕失控**。如果你有这样的想法的话，可以先从简单的步骤入手练习本章中所提及的放松技巧。一开始，可以先尝试 2~3 分钟的腹式呼吸或渐进式肌肉放松，到后期再逐渐加长练习的时间。无论何时，只要你感到焦虑，随时都可以中断练习，睁开眼睛，直到你感觉好一点为止。对深度放松状态的耐受力，会随着时间和练习的增加而增加。但如果一段时间后，你仍然无法忍受深度放松的状态。那么我建议你去找一位擅长治疗焦虑障碍的医生来帮助你脱敏，让你对放松不再感到那么焦虑。

## 深度放松

1975 年，赫伯特·本森（Herbert Benson）在他的著作《放松疗法》（*The Relaxation Response*）中首次提到，我们的身体可以进入一种深度放松的状态，他列举出了一系列与深度放松相关的生理变化：

- 心跳速度减缓；
- 呼吸速度减缓；

- 血压降低；
- 骨骼肌放松；
- 新陈代谢减缓，氧耗量减少；
- 分析性思维减少；
- 皮肤电阻（皮肤表面传导微电流的能力）增加；
- 大脑中阿尔法脑波活动加强（在 4 种基本脑波中，阿尔法脑波始终与放松状态密切相关）。

简而言之，深度放松是一种可以通过学习而实现的身体反应。只要坚持本章所介绍的放松练习，就可以让自己进入深度放松的状态。

## 坚持练习深度放松，必有成效

通过每天练习本章介绍的放松技巧，你会发现这种放松可以带来长远影响，也就是说你在生活中也常会感受到深层次的放松，而且这种感觉与睡眠的时间和质量无关。

让自己每天都能深度放松有助于在其他时间随时放松并放下烦恼，同时也可以避免日常压力的不断累积。事实上，每天深度放松除了可以让整体生活更加轻松之外，还能带来一系列的好处，包括缓解一般性焦虑，精力更加充沛，记忆力加强，注意力更加集中，减少失眠问题，缓解一系列身心健康问题(如高血压、溃疡、偏头痛、哮喘)，以及增强自信。

## 放松技巧练习指南

在练习本章介绍的放松技巧时，遵循以下指导可以帮助你获得更好的效果。我建议你把下面这些内容复印下来，第一次练习的时候就把它拿在手里。

- **每天至少练习 20 分钟**。(本条不适用于腹式呼吸。练习腹式呼吸每次至少需要 5~10 分钟的时间，而一天最好能够完成 3 次练习。) 最好每天练习放松 2 次，每次 20 分钟。而如果希望真正改善生活质量，一天一次是必需的。可能一开始需要每天练习 1~2 次，每次半小时，而在熟练掌握放松技巧之后，你就会发现，进入深度放松状态所需的时间正在慢慢变少。
- **在安静的地方进行练习，确保自己不会被打扰**。确保自己的练习不会被电话铃声打断。必要的话，可以用电扇或空调来隔绝噪声。
- **固定时间进行有规律的练习**。通常来说，早上起床后、晚上睡觉前或进餐之前是最适合练习的时间。保持每天练习时间的一致有助于尽早达到一般性的放松状态。

- ○ **练习时保持空腹**。进食后的消化过程会影响深度放松的效果，所以应该在餐后等至少一小时再开始练习。
- ○ **练习时要采取舒服的姿势**。整个身体，包括头和肩膀都应该有舒服的支撑。躺在沙发或床上，或坐在有靠背的椅子上是两种能够让身体最大限度得到支撑的姿势。(采取卧姿时，可以在膝盖下垫一个枕头以加强支撑。) 在感觉很累或很困的时候，坐姿比卧姿要更为合适，因为如果睡着的话，就无法以清醒的状态去体验整个放松的过程了。
- ○ **确保身体不受束缚**。换掉所有紧身的衣服，脱掉鞋子，把手表、眼镜、隐形眼镜、首饰等物品通通取下。
- ○ **在练习期间不去想其他的事情**。让自己尽量忘记一天当中的所有烦恼。全身心地关注自己，内心平和比其他任何思绪都更加重要。(记住，放松是否成功取决于你对内心平静的重视程度。)
- ○ **练习时要尽量采取超然的心态**。这是最重要的一点。练习过程中，要注意保持一种静观其变的态度，不去担心自己的表现。不要为了达到放松的状态而努力，不要试着控制自己的身体，也不要去判断自己的练习效果好不好。重点就在于放轻松。

## 渐进式肌肉放松

20 世纪 30 年代，埃德蒙·雅各布森(Edmund Jacobson)(1974) 提出了渐进式肌肉放松(PMR)。他发现，当人的身体处于完全放松的状态时，大脑是不可能焦虑和紧张的。最初他将渐进式肌肉放松用于降低血压，但后来，这项练习成了治疗焦虑的常用方法。雅各布森发现肌肉收紧几秒钟后，更容易放松下来，而以循序渐进的方式，让全身不同的肌肉群组都能够这样先紧张再放松，就可以达到一种深度放松的状态。

PMR 过程包括收紧和放松全身的 16 组肌群。也就是说让某一组肌群保持紧张(无需达到力竭) 10 秒钟，然后停止发力，用接下来的 15~20 秒时间放松，用心去体会肌群在收缩和放松时的不同感受，之后再开始针对下一组肌群进行练习。

如果你有肌肉紧张和思维奔逸等焦虑症状的话，那么 PMR 就很适合你。紧张性头痛、腰背痛、下颚发紧、眼周疲劳、失眠、高血压，以及肩背僵硬等情况都可以通过 PMR 得到缓解。

## 渐进式肌肉放松练习指南

如果你有过肌肉损伤，在进行 PMR 练习前请咨询医生。

在收缩某个肌群的时候，要用力让肌肉紧张起来，但是不要力竭，坚持 7~10 秒钟。可以在心中默默数秒进行计时。把注意力集中在发力的肌群上，用心体会它们越来越紧张的感觉，在脑海中想象正在收紧的肌群的状态也是很有帮助的。

放松肌肉的时候，要让肌肉迅速松弛下来，然后尽量放松并享受这种不用发力的状态。放松至少 15 秒之后再开始针对下一组肌群训练。放松时，可以在心里对自己说："我很放松，要放下压力，让紧张的感觉从我身上消失。"其他让自己感到轻松的话也同样有效。

在收紧某一个特定肌群时，要尽可能让全身的其他肌群保持放松，做到每一次只让一个肌群收紧或放松。如果身体的某一个部位感到特别僵硬的话，也可以在每次练习时，对这个部位重复 2 次或 3 次收紧和放松的过程。

可以把下面的练习过程录音保存，这样最初几次练习时会比较方便。或者也可以找一些专业的渐进式肌肉放松训练的音频或视频指导自己进行练习。有些人总是喜欢用音频辅助练习，而有些人在练习几周并熟练掌握各个要点后，就能记住如何去做了。

## 练　习

### 渐进式肌肉放松

1. 开始前，先深呼吸 3 次，体会腹腔被空气充满的感觉。用鼻子缓慢地吸气和呼气。呼气时，想象你所有的压力都离开了身体。

2. 双手用力握拳保持 7~10 秒，然后放松 15~20 秒。针对其他肌群练习时也应按照上述节奏来完成。

3. 向肩膀的方向抬起前臂，用“展示肌肉”时常用的姿势收紧两边的肱二头肌。用力……然后放松。

4. 向外打开双臂，手肘伸直，收紧肱三头肌（上臂部下方的肌肉）。用力……然后放松。

5. 尽可能地抬起眉毛，收紧前额的肌肉。用力……然后放松。放松时，想象前额的肌肉变得非常柔软且光滑。

6. 紧紧闭上双眼，收紧眼周的肌肉。用力……然后放松。体会眼睛周围得到深度放松的感觉。

7. 尽量张大嘴巴，收缩下颚周围的肌肉。用力……然后放松。让你的下颚感到轻松舒展。

8. 向背部的方向尽量仰头，收紧脖子后面的肌肉（练习这组肌群时动作要轻缓，以免受伤）。注意力只集中在收缩颈后肌群上。用力……然后放松。因为很多人的颈后这个位置都非常僵硬，所以最好在练习时完成两个用力—放松的循环。

9. 深呼吸几次，把头部的重量完全放在支撑物上。

10. 用摸耳朵的姿势向上抬高肩膀。用力……然后放松。

11. 尽力打开肩胛骨，向后收紧。肩胛骨用力坚持10秒……然后慢慢放松。因为很多人的上背部都非常僵硬，所以最好在练习时完成两个用力—放松的循环。

12. 深呼吸，收紧胸部肌肉。坚持10秒……然后慢慢放松。呼气的时候可以想象胸腔里紧张的感觉和压力都离开了身体。

13. 尽力收腹以收紧腹部肌肉。用力……然后放松。想象放松的气息逐渐充满身体。

14. 弓起后背以收紧下背部的肌肉（如果有下背疼痛症状的话，可以跳过这一步）。用力……然后放松。

15. 向中间用力收紧臀部肌肉。用力……然后放松。想象臀部肌肉处于非常柔软且松弛的状态。

16. 收紧膝盖以上的大腿上的肌肉。由于两边腿部的肌肉在骨盆处是相连的，所以腿部肌肉的收缩会不可避免地带动臀部肌肉。用力……放松。体会放松时腿部肌肉平滑松弛的状态。

17. 向前勾起脚尖以收紧腓肠肌（注意动作适度，避免造成抽筋）。用力……然后放松。

18. 向下弯曲脚趾以收紧足部。用力……然后放松。

19. 用心仔细感受，体会全身上下有没有还是感到紧张僵硬的地方。如果有某个部位还是不放松的话，可以再重复一到两次用力—放松的循环动作。

现在，想象一下，放松的状态遍布全身，从头部向下沿着每一组肌肉一直延续到脚趾。

## 被动肌肉放松

除了渐进式肌肉放松之外，还可以尝试一下被动肌肉放松，这种练习方式不需要主动去收紧或放松肌肉。渐进式肌肉放松对于缓解身体的紧张更加有效，不过被动肌肉放松也很有帮助。

## 练　习

### 被动肌肉放松

按照下面的引导进行被动肌肉放松的练习。可以请其他人放慢语速帮你读出来，也可以自己录音之后再回放。

首先，深呼吸 2~3 次……舒舒服服地坐在椅子上、床上，或现在所在的任何地方……确保自己处于非常舒适的状态。现在的时间完全属于你自己，请暂时把一天当中所有的烦恼都放在一边……这是完全属于你自己的时间……从脚开始，让身体每一个部位都放松下来。

想象你的脚正在放松……足部所有紧张不适的感觉都在减少、消失……在足部放松的同时，想象这种放松的感觉渐渐上移到小腿。让小腿的肌肉松弛下来……你所感受到的小腿肌肉的紧绷感正在迅速消失……在放松小腿的同时，让这种放松的感觉继续上移到大腿……让大腿的肌肉完全放松、舒展下来。体会腰部以下越来越轻松的感觉，同时也会感觉双腿变得沉甸甸的。现在，让这种放松的感觉上移到臀部……感受臀部的紧张感一点点减弱、消散。很快这种放松的感觉就可以上移到腹部……释放腹部所有的紧张和不适……体会这些不舒服完全消失的感觉，想象腹部周围逐渐完全放松下来……然后让这种放松的感觉继续上移到胸部。这时候，胸部所有的肌肉都会松弛下来而不再紧绷。每次呼气的时候，都可以想象体内的紧张感在一点点离开身体，直至感觉胸部完全放松……这时，随着胸部、腹部、腿部逐渐放松，你应该已经发现，完全放松下来并不是什么困难的事情，而且还会带来非常美妙的感受。很快，放松的感觉上移到肩部……让这种感觉遍布肩部的每一寸肌肉……肩膀自然下垂，达到彻底的放松。然后让这种感觉传递到手臂，从大臂到肘关节，再到小臂，最终到达腕部和手部……双臂放松……享受手臂轻盈的美妙感觉……请放下所有的烦恼，抛开所有的不安，忘记所有不愉快的想法。让自己越来越放松，完全沉浸在当下这一刻。现在，放松的感觉上移到了颈部，颈间所有的肌肉都放松下来，舒展开来，就像是打开了一个绳结。很快，放松感转移到了下颚和嘴巴……让下巴完全放松……在嘴部放松的同时，你可以体会到，放松的感觉到达了眼部周围。让眼睛彻底放松，这样眼部疲劳会彻底消失。在眼部的紧张感觉缓解后，眼睛和周围的脸部肌肉也就得到了休息，包括额头上的肌肉……要让你的额头完全舒展开来……在头部放松的过程中，不管你的头靠在哪里，都要注意感受头部的重量。享受全身放松的舒适感觉……让自己深深地沉浸在平静与安宁之中，越来越深切地感受极致的宁静与平和。

## 腹式呼吸与胸式呼吸

浅度的胸式呼吸是焦虑的一个常见症状，也是造成焦虑的一个重要原因。进行胸式呼吸的时候，可能会出现焦虑所引起的两种呼吸问题——换气不足与换气过度。换气不足时，没有足够的氧气进入大脑，就可能会有被压迫的感觉，并造成越来越严重的不适。许多有恐惧症的人在想要逃离当下情境(比如乘坐直梯、排队等待、堵车）时所出现的被困住的感觉，可能在一定程度上就来源于换气不足所造成的大脑缺氧。而当换气过快，呼出太多的二氧化碳时，就会出现换气过度的情况，用嘴呼吸的时候更有可能出现这种情况。换气过度(hyperventilation）也是一个医学上的概念，它会导致一系列的不适感，包括神经质、四肢或面部刺痛、眩晕、定向障碍，甚至出现幻觉。而如果你本人认为换气过度的症状很可怕或很危险(其实并非如此)，那么这可能还会引起惊恐发作。

与此相反，腹式呼吸会让人更加平静。这种呼吸方式可以激活副交感神经系统，从而向全身发出一切正常的信号。腹式呼吸是一种可以让你在短时间内放松下来并缓解焦虑的直接方法。坚持每天练习腹式呼吸可以让你习惯更多地用腹腔，而不是胸腔进行呼吸。这样的话，总体上来说就会更加放松了。此外，在焦虑的症状出现时，腹式呼吸也可以帮助你缓解这些症状。

要想知道自己是否在进行腹式呼吸，只要把手放在肚子上就可以了。如果吸气的时候，手会随着身体抬高，呼气的时候，手会随着身体下降，而与此同时，胸部的起伏则会相对较小，甚至完全没有变化，那就说明你确实在采取腹式呼吸了。另外，最好采取卧姿或者平躺的姿势练习腹式呼吸。

## 腹式呼吸练习指南

下面这两个练习可以帮助你逐渐掌握腹式呼吸，减少胸式呼吸。建议对腹式呼吸练习和平静呼吸练习都进行尝试，不过要先练习腹式呼吸。当你能够掌握两种呼吸技巧之后，再去选择更喜欢的方式进行有规律的练习。

每次练习的时间最好是 5~10 分钟，每天 3 次，并且要坚持至少 3 周。尽可能每天都在同样的时间进行练习，这样有助于让呼吸练习成为习惯。通过练习，你可以在感到焦虑时，用这些调整呼吸的技巧来缓解生理上的一些不适反应。

## 练　习

### 腹式呼吸

1. 采取坐姿或平躺的姿势，最好头部有所支撑。把一只手放在肋骨下方的腹部上。

2. 慢慢地通过鼻子吸气，直到肺完全打开（将空气吸到肺的最深处）。在此期间，你的胸腔不应该有太大幅度的移动，而腹部则会逐渐隆起，放在上面的手也会随之抬起。

3. 吸气的过程完成后，屏息坚持一小会，然后再用口鼻呼气，一定要将吸入的空气全部都呼出来。在呼气的时候，要让自己完全放松，想象自己的身体很松弛、舒展。一般进行 10 次腹式呼吸就可以取得完全放松的效果（在这之后，还应该再坚持练习 5~10 分钟）。在整个过程中要尽量保持呼吸平稳规律，不要大口吸气或突然呼气。为了放缓呼吸节奏，可以在吸气和呼气的时候分别慢慢地数 4 个数，这个方法特别适用于开始练习腹式呼吸的前几天，而等到你能够熟练控制自己的气息之后，就可以不用再这样了。建议：刚开始的时候，你可以从20开始，在每次呼气之后倒序数一个数，一直数到1。也就是说，第一次呼气之后数20，第二次呼气后数19，直到数到1为止。然后再从20开始重复。要记住，全程保持呼吸平缓规律非常重要，而且要用鼻子吸气，用口或鼻子呼气（当然，你也可以不数数，只是简单地练习腹式呼吸）。

4. 坚持练习腹式呼吸5~10分钟。如果中间有感到头晕的情况，可以先暂停30秒，休息之后再继续练习。

## 练　习

### 平静呼吸

1. 进行腹式呼吸，慢慢地用鼻子吸气，同时默数5个数。

2. 屏住呼吸，坚持默数5个数。

3. 慢慢地呼气，将腹腔里的空气全部排出。

4. 将体内的气体全部呼出之后，以正常的节奏呼吸两次，然后重复步骤1~3。

5. 坚持练习5分钟，至少包括10个吸气5秒—屏息5秒—呼气5秒的循环。在坚持练习一段时间之后，你会发现自己能坚持的时间不止5秒了，或者呼气时能坚持的时间比吸气的时候要长。如果出现了这种情况也没关系，继续练习就好。记住，在每次循环后一定要用正常的节奏呼吸两次。如果中间有感到头晕的情况，可以先暂停30秒，恢复正常呼吸，然后再继续练习。

在练习过程中，要一直保持呼吸平稳规律，不要大口吸气或突然呼气。

6. 建议：每次呼气的时候，可以在心里默念“放松，淡定，忘记烦恼”，或其他能让你自己平静下来、心情舒缓的语句。说的时候，要让全身都处于放松的状态。如果每次练习的时候都坚持这样做的话，以后，只要你在心里默念这些话就能起到一定的放松作用。

## 视觉引导

视觉引导指的是通过主动运用想象力来改变行为、感受方式甚至是身体内部的生理状态。有意识地在脑海中创造一个画面，可以有效防止焦虑症状的出现。练习视觉引导时，要把眼睛闭起来，想象自己处在一个非常宁静的环境当中。就像是自己想象出一个电影的画面，而这部电影就是为了能让自己放松下来，不再紧张，然后把自己想象成这部电影中的一个角色，这样的做法可以在很大程度上缓解焦虑的症状。下文提供了两段可以用于练习视觉引导的文案，当你感到紧张或焦躁的时候，可以用这种方法来放松一下。

形象化想象本身就有放松的作用，但在练习想象之前，先花一两分钟的时间用腹式呼吸放松一下全身会更有效果。放松下来之后，脑海中的画面就会更加生动，视觉引导的效果会更好，你也就更有可能会完全放松下来。把视觉引导的文本录成音频用起来会更方便，自己录或者请其他人帮忙录音都可以(当然，要找一位声音听起来让你感觉很舒服的人)。在音频的帮助下练习几次之后，你或许就能记住里面的内容不用再听音频了。当然，如果你喜欢，也可以一直都用音频辅助自己进行练习。

## 视觉引导练习指南

● 采取最舒服最放松的姿势，不要有任何的负担，让头部有良好的支撑。确保周围的环境足够安静，可以让自己免于分心。在练习视觉引导之前，先花一点时间让自己放松下来。比如，可以先进行几分钟渐进式肌肉放松或腹式呼吸，然后再开始练习。

● 视觉引导结束的时候，可以用下面这段话来帮助自己回到意识清醒的状态，你也可以把这段话录在音频的结尾：

现在，你很快就会恢复非常清醒的状态。接下来我会从 1 数到 5，当我数到 5 的时候，你就可以睁开双眼，同时也会感到精力充沛，头脑清醒。1. ……逐渐恢复理智和清醒。2. ……越来越清醒。3. ……开始慢慢活动你的双手和双脚。4. …… 几乎已经完全清醒过来了。5. ……睁开双眼，你会发现自己思维清晰，精力充沛，浑身上下都非常舒服。

● 完成练习之后，要起身慢慢走几步路，直到意识完全恢复清醒。至少休息 10 分钟之后再开车，或进行其他需要复杂协调性的活动。

## 练　习

### 视觉引导——沙滩

你正在一条长长的木栈道上走着，栈道通往美丽而又宽阔的沙滩，举目望去，空无一人，沙滩一直延伸到天际。沙滩上的沙子又细又亮……整片沙滩呈现出银白色的光芒。你光着脚走到沙滩上，用脚趾轻轻磨蹭着细沙。在这美丽的沙滩上漫步真是一种享受。微风怡人，和缓的风声让人陶醉，仿佛可以放下心里的一切烦恼。

海浪轻轻拂过沙滩……慢慢地靠近你……撞击出好看的水花……然后再缓缓地退去。大海是一片迷人的深蓝色……只要看着这样迷人的深蓝色就让人内心非常平静。海面向前无限延伸直到地平线，在地平线的更远处，你会看到天际线微微向下弯曲，展现出地球的弧线。凝视着海面，你会看到在远离岸边的地方，有一艘小小的帆船在水面漂浮着。这一切美好的景象都让你越来越放松，越来越感到心旷神怡。继续在沙滩上往前走，你注意到空气中有一种新鲜却又带着一丝咸涩的海的味道。你深深地吸了一口气……呼气……感觉头脑清爽，身心放松。有两只海鸥飞过你头顶，朝大海的方向飞去……它们在空中翱翔，无忧无虑……你想象着，如果自己也能自由自在地飞翔，会是什么样的感觉。你继续向沙滩深处走去，感觉自己进入了一种深度放松的状态。温和的海风轻抚你的脸颊，温暖的阳光照射在你的脖子和肩膀上。和煦的日光倾泻下来，让你越来越舒服，越来越放松……沉醉在这沙滩的美景当中。今天的天气非常怡人，前方出现了一张看起来就很舒服的沙滩椅，你慢慢走近那把椅子……走到椅子旁边之后，舒舒服服地坐下来。你靠在沙滩躺椅上，完全放松下来，仿佛忘却了一切烦恼。很快，你把眼睛闭了起来，只有耳边还有海浪的声音，它们无休无止地轻拍着海岸。富有节奏感的声音将你带入了更深……更深的宁静。

## 练 习

### 视觉引导——森林

你走在森林深处的一条小路上，身边都是高大的树木……松树、冷杉、红杉、橡树……看看这些树吧。清风拂过树梢的声音让人感到非常放松，你开始慢慢放下心中的烦恼。可以闻到森林里那种特有的潮湿气息，那是土壤、新生的树苗，以及腐烂的树叶混合在一起的味道。透过层层叠叠树叶向上看，可以看到蓝色的天空。太阳那么高，阳光穿过树叶，从树顶倾泻下来，分散成无数道光束洒落到地上。阳光照射下来，光与影相互交织在一起。森林仿佛是一座原始的教堂……让你感到内心平静，而周围的一切生物都有着无限生机。从远处传来流水的声音，在森林中回响。你顺着声音的方向走去，这声音越来越清晰，不知过了多久，你眼前突然出现了一条小溪，溪水清澈透明。你在一棵大树旁找了一块平整的石头，舒舒服服地坐了下来。又或者，你干脆找了块草坪躺了下来。溪水越流越快，冲刷着河底大大小小的石子，棕色的、灰色的，还有白色的，有些石子上还覆盖着一层青苔。有些石子藏在溪流之下，有些则露出水面，水面上因而出现了小小的漩涡和波纹。溪水的声音让人感到内心平静，你也越来越放松……越来越沉浸在这景色之中。你深深地吸了一口林中清新的空气，发现森林的气息让人感到神清气爽。你全身舒展，躺在草地或带着松针芳香的落叶上，一切压力和烦恼都消失了……你看着眼前的美景，听着悦耳的声音，闻着大自然的气息，内心深处非常宁静。

## 调整生活节奏

尽管 PMR、呼吸练习以及视觉引导等方式都可以帮助你放松下来，但这些还不够，让生活保持在一个合适的节奏也同样重要。许多人受到焦虑的困扰都是因为有太多外在的因素影响了自己生活，比如“一定要有所作为”这样的社会压力以及过快的生活节奏。还有一个常见的误区就是根据他人的生活节奏来决定自己该用怎样的节奏生活。根据其他人的活动或成果来判断自己应该取得什么样的成果，就像是按照其他人的尺寸买了一套西服，却希望这套西服还能合身一样。

调整生活节奏就是要让自己舒服地生活。总是安排太多超出身体负荷的活动会导致疲惫，压力过大，甚至患病，而每天做的事情太少则会让你觉得无聊，开始胡思乱想。你应该根据身体给出的一些信号去决定每天应该安排多少活动，这样才能找到最适合自己的节奏。要意识到你的身体需要通过休息来补充能量，并真的付诸实践——多加休息，从而提高自己的效率。当今社会鼓励竞争，强调成功的重要性，在这样的氛围里，我们很容易忽视身体发出的一些代表疲惫的信号，因此要多去关心自己的身体，这样才能让自己更好地放松。

## 简短的休息

如果你想试着放慢生活节奏，可以每隔一两个小时就花 5~10 分钟的时间休息一下。在不同的活动中间简短地休息几分钟会非常有效果。比如说，早上辛辛苦苦赶到单位之后，可以先休息一会儿再工作。或者是在做好饭之后，先休息几分钟再坐下来享用美食。在休息的时候，你可以练习腹式呼吸、冥想、散步、做几个瑜伽的拉伸动作，或者任何能让你恢复精力、放松下来，并让头脑清醒的事情。有趣的是，每天多花一点时间休息几次，工作的效率就会有所提高，可能反而会完成更多的工作，因为休息之后的你会更有精力，思维也更加敏捷。

## 放松时间

放松时间意味着你应该安排一定的时间来放松和休息，在这段时间里无需工作，也不用去担心其他的事情。如果没有这样的放松时间的话，每天的压力就会累积起来，严重时会影响身体健康。放松时间可以让你舒缓压力并且恢复精力。

理想状态下，我们需要的放松时间是：每 3~4 个月一周，每周一天，每天一小时。可能不是每个人都能做到一年休息 4 周，那么就算扣工资也尽量要做到每 3~4 个月休息几天。在这段时间里，你要完全远离工作，放下那些完全可以推迟一些再处理的事项，也不要接电话，除非你确信这通电话会让你非常开心。

## 用于休息、娱乐和社交的时间

放松时间可以分为 3 种：休息时间、娱乐时间、社交时间。在相对放松的生活方式里，这 3 种放松时间都非常重要，所以应该给它们留出足够的时间。很多时候，娱乐时间和社交时间可以重合，但是休息时间则一定只能用来休息。

休息时间就要停止一切活动，全身心放松自己。在休息时间里，你可以躺在沙发上什么都不做，可以安静地冥想，可以躺在躺椅里听一些轻音乐，可以泡个热水澡，也可以在工作日的午休时间睡个午觉。休息时间本身就是无产出的，所以要允许自己在这段时间里停止工作。因为在其他时间里，你都需要做一些有意义的事情，所以休息时间必不可少。在有压力的情况下，每天除了睡眠时间之外，再休息一个小时是最理想的。

娱乐时间需要你活跃起来，这一点与休息时间不同。在这段时间里，你应当进行一些让你能够恢复活力的活动。娱乐时间可以让你更加兴奋，精力充沛，主要包括一些你觉得好玩、有意思的活动，比如说布置自己的花园、看小说、看电影、骑行、打排球、短途旅行、烘焙，或者钓鱼等。需要上班的日子的确可以找一些时间来娱乐，但更最重要的是在假期里安排好这些活动。此外，你既可以一个人享受娱乐时光，也可以和其他人一起玩。

在社交时间里，你应该暂时放下一些个人的工作和其他事情，去专心享受和其他人共度的时光。社交时间的重点在于维系你与伴侣、子女、家人、朋友，甚至宠物的关系。如果你已经有了自己的家庭，那你要分配好时间，分别用来单独陪伴子女，单独陪伴丈夫或妻子，以及全家的活动。如果你有伴侣但没有孩子的话，那你还要分配好与伴侣和朋友相处的时间。如果你能够放慢节奏，花一些时间和其他人相处的话，就不至于忽视自己的一些基本心理需求，比如亲密关系、身体接触、感情、肯定以及支持等。这些心理需求可以很大程度上保护身心健康，如果你没有花足够多的时间来维系这些重要的人际关系，就很有可能会出现焦虑等症状，而你最爱的人也会受到一些影响。

怎么样才能有更多的放松时间(3 种不同的放松时间）呢？这就需要你下定决心，无论周围的人怎么做，都要以一种相对放松的方式来生活。在最开始，特意花时间来休息、娱乐、社交可能并不容易，但随着时间的推移就会变得更容易也更舒服。对于一些人来说，这意味着要把生活的重心从挣钱转移到过上更简单、平衡的生活上，而这可能是一个根本性的调整。不过，在放弃现有的工作节奏之前，也要先想清楚怎么让自己调整心态，更多地去关注生活的过程(如何生活)，而不是能做出什么成就，或是怎么能更加有效率(做了什么)。要留出时间仔细思考，该怎样把更多的时间分配在这 3 种放松时间上，我建议你可以把自己的想法写下来。

# 第二章

# 运动：焦虑情绪的自然发泄

现在，美国人最典型的生活状态就是坐在椅子上。绝大部分人工作的时候坐着，休息的时候坐着，甚至出去旅行的时候也是坐着。自 20 世纪初期以来，科技的进步和物质资源的极大丰富让我们在生活中的活动越来越少，这是以前从来没有过的情况。而问题在于，我们身体的生理结构并没有随着这样的社会变化而进化。人类身体在进化过程中所处的环境一直复杂多变，需要频繁进行各类活动去应对，所以即使现在我们不需要为了生存而大量活动，我们的身体仍然天生宜动不宜静。缺乏活动会对我们的身心健康造成严重影响，导致肥胖、高血压、抑郁等症状，当然也包括焦虑。

## 焦虑的自然发泄途径

当焦虑的情况出现时，身体就会进入战或逃的模式，激活交感神经系统，并释放肾上腺素。在这个时候，你的身体得到的信号是：做好准备快速行动！在这种需要快速反应的时候仍然保持不动一般会加重焦虑的症状。

运动是焦虑的一种自然发泄途径。如果你能够在焦虑出现的那一刻就动起来的话，就满足了身体想要活动的需求，并且向大脑发出危险已经过去的信号，这样大脑也会不再发出警示信号。如果焦虑发生时，你恰好不方便活动，比如正在超市排队付款，或在开车的时候遇到堵车，那一定要向自己保证会尽快活动起来。

## 运动的预防作用

就像本书讨论的其他方法一样，运动对焦虑有控制和预防的作用。这在很大程度上是因为，体育锻炼可以促进大脑皮层中血清素的释放，这一点已经得到了证实。血清素是一种神经递质，其作用是在大脑中帮助传递神经信号。血清素的增加可以缓解焦虑障碍的所有症状，所以很多人在服用过选择性血清素再吸收抑制剂（SSRI）后，焦虑会有所缓解。

体育锻炼有助于缓解一些焦虑背后的生理因素，所以经常运动的人较少出现焦虑，症状也一般较轻。运动可以带来的益处有：

- 放松骨骼肌，骨骼肌的紧张会在很大程度上导致紧张或焦躁的感觉。
- 加快血液中肾上腺素和甲状腺素的代谢（这两种荷尔蒙可以保持头脑敏锐，使身体灵活）。
- 释放一直以来被压抑的挫败感，而挫败感的积累会加剧恐惧症和惊恐反应。

体育锻炼还可带来一些心理上的帮助，从而缓解焦虑。

- 加强对幸福感的感知能力。
- 减少对酒精的依赖。
- 缓解失眠。
- 有助于集中注意力，强化记忆力。
- 缓解抑郁。
- 加强自尊。
- 增强对压力和焦虑症状的掌控感。

运动还会带来其他生理方面的帮助，包括：

- 加强血液和大脑中的氧化作用，提高注意力，保持敏锐。
- 促进内啡肽的释放。内啡肽是大脑中的一种物质，其化学结构和作用与吗啡类似，可以让人感到幸福和快乐。
- 促进血液循环。
- 促进消化和营养吸收。
- 加速排泄(皮肤、肺以及内脏的排泄)。
- 降低胆固醇。
- 降低血压。
- 降低体重，并且在很多情况下还可以抑制食欲。
- 加强血糖调节(针对低血糖的情况)。

## 准备好去运动了吗?

有些健康因素可能会限制你的运动量或运动强度。在开始规律性的体育锻炼之前，要先认真回答下面的这 8 个问题。如果有任何一个问题的答案是肯定的，那么一定要先去咨询医生再开始制订运动计划，医生也有可能会为你推荐一些有限制或需要有人指导的运动方案。

1. 医生有没有说过你的心脏有什么问题?

2. 经常出现心脏不舒服或胸痛的症状?

3. 时常感到眩晕?

4. 医生有没有说过你的骨骼或关节方面有什么问题(例如关节炎)，而且运动有可能会导致症状恶化?

5. 医生有没有说过你的血压过高?

6. 是否患有糖尿病?

7. 你是否已经超过 40 岁，并且没有剧烈运动的经验?

8. 是否有其他可能导致你不宜剧烈运动的身体方面的因素?

如果对于上面这些问题，你的回答都是否定的话，那你就随时都可以开始动起来。最开始的几周里，先不要着急，慢慢加大运动量。如果你已经超过 40 岁，而且不经常运动的话，可以先做一个体检再开始进行规律的锻炼。同时，找一个可以陪你一起运动的人也很有帮助。如果你对体育锻炼有点恐惧的话，可以通过暴露疗法的方式，先每天锻炼几分钟，再逐渐延长运动的时间，这样可以帮助你习惯这项活动。

## 让运动发挥更大的作用

只有足够规律、强度足够大、持续时间足够长的运动才能真正缓解焦虑。下面的内容可以帮助你更好地从运动中受益：

- 有氧运动是最适合的运动，常见的有氧运动包括快走(一小时以上)、慢跑、快速骑行、自由泳、有氧舞蹈、跳绳。
- 每周应运动 4~5 次，每次 20~30 分钟。
- 有氧运动的最佳状态是心率达到(220-年龄) ×75，而且持续时间要超过 10 分钟。

## 有氧运动的最佳心率

| 年龄 | 心率 |
| --- | --- |
| 20～29 | 145～164 |
| 30～39 | 138～156 |
| 40～49 | 130～148 |
| 50～59 | 122～140 |
| 60～69 | 116～132 |

- 不要每周只锻炼一次。不规律的高强度运动会给身体造成压力，而且弊大于利(走路除外)。

## 根据自己的情况进行运动

应当根据自己想要达到的目标来选择运动方式。若想缓解焦虑，有氧运动一般来说比较有效，因为有氧运动需要身体几个大的肌群保持持续的活动，从而缓解骨骼肌的紧张，加强心肺功能，让循环系统能够更高效地把氧气运送到身体的各个组织和细胞当中。有规律地进行有氧运动可以缓解压力，增强身体的耐力。

除了有氧适能之外，你可能在运动方面还有其他目标。如果你更重视增肌，可以在运动计划中加入负重训练或等长运动(如果你有心脏方面的问题或心绞痛的话，可能就不适合进行负重训练或健美类运动)。舞蹈或瑜伽等包含拉伸在内的一些运动会加强肌肉的灵活性，也很适合作为有氧运动的补充训练。如果想要减轻体重，长跑和骑行则是最有效的运动。如果你觉得释放压力和调整心态更为重要的话，则可以尝试一些竞技性的运动项目。最后，如果希望能够回归自然，徒步和园艺活动可能会更适合你。消耗较大的徒步运动(比如塞拉俱乐部[①]组织的徒步活动) 可以同时提升肌肉强度与肌肉耐力。

很多人都喜欢选择不同的运动。选择两种或更多不同的运动交替进行训练的运动方式叫作交叉训练。通过训练不同的肌群，身体可以达到一种更为平衡的健康状态，比较常见的一种组合是每周进行3~4次有氧运动(慢跑或骑行)，再加两次社交性运动(高尔夫) 或增肌训练。在训练计划中安排两种以上不同的运动，就不会觉得无聊了。

下面是对一些常见有氧运动的简单介绍。当然，每

---

① 塞拉俱乐部（Sierra Club）：美国的一个环境组织，旨在探索、欣赏和保护地球的荒野，以及实现并促进对地球的生态系统和资源负责任的使用。

种运动都有优点和缺点。

## 跑步

很长一段时间以来，慢跑和长跑一直都是最受欢迎的有氧运动，这可能是因为跑步非常方便。你唯一需要的装备就是一双跑鞋，而且只要走出家门就可以开始跑步了。跑步的燃脂效果最好，所以非常适合减脂。很多研究都表明跑步可以增加大脑中内啡肽和血清素的分泌，有助于缓解抑郁的情绪；而且跑步还可以消耗掉体内多余的肾上腺素，放松骨骼肌，从而缓解焦虑症状。每周坚持 4~5 次 3 英里①长跑(大约耗时 30 分钟)，可以很大程度上预防焦虑的出现。最好能够通过练习，把跑步的速度控制在 12 分钟/英里。

跑步的一个问题就是时间长了以后，可能会对身体造成一些伤害。特别是在硬路面上跑步，对关节的持续冲击会导致足部、膝盖以及腰背伤痛。不过，你可以通过以下方式把受伤的风险降到最低：

- 选择一双舒适的运动鞋 ——减轻对关节的损伤。
- 尽量在比较软的地面上跑步 ——最好是草地、土

---

① 1 英里约合 1600 米。

地、跑道或是加固过的沙滩。尽可能避免在水泥路面上跑步；如果你有专业的跑鞋，而且不是每天跑步的话，沥青路面也是可以的。

- 跑步前要做好热身，先用很慢的速度跑上一两分钟。
- 跑步和其他体育锻炼穿插进行，不要每天只跑步。

如果由于坏天气、缺乏合适的场地、雾霾、交通等原因，室外跑步受到限制，可以在家里买一台跑步机。一边看电视或电影一边跑步的话，就不会感觉那么无趣了。

## 游泳

游泳是一项非常好的运动，因为游泳能充分调动全身的众多肌群。医生一般会建议那些骨骼或肌肉有问题、受过伤或是有关节炎的人去游泳，因为这是对关节损伤相对较小的一种锻炼方式。游泳的减脂效果不如跑步，但会让身材变得更加紧致。

如果要达到有氧运动的效果，应当每周坚持 4~5 次自由泳，每次 20~30 分钟。如果只是为了放松，不想运动量太大的话，蛙泳是很好的选择。需要注意的一点是，最好选择水温保持在 24℃~27℃的泳池进行锻炼。

游泳的一个问题在于很多游泳池都会用大量含氯的消毒剂进行消毒。这会对眼睛、皮肤、头发以及上呼吸道黏膜造成刺激。佩戴泳镜和鼻夹可以减小氯化物对身体的伤害。当然，如果能找到用过氧化氢或臭氧气泡消毒的泳池，那是再好不过的了。而且，如果泳池用氯化物消毒，在锻炼结束后，最好冲个澡再回家。

## 骑行

近年来，骑行成了一种非常流行的有氧运动。骑行与跑步有很多类似的益处，而且对关节的损伤更小。要想达到有氧运动的效果，则需要以较快的速度骑行，在平地上的速度应该达到每小时 15 英里以上。天气适宜的时候，骑行是很舒服的，特别是如果骑行路上有好的风景，而且交通便利，或是有专门的骑行车道，那骑行就更是一种享受了。而如果天气不好，无法在室外活动，也可以选择室内的固定自行车，当然也可以一边看电视或电影一边骑行。

如果想要进行室外骑行，就需要给自己投资一辆性能比较好的自行车。不过，在你下定决心花几百美金买车之前，也可以先借别人的车来真正体验一下骑行这项活动。买车时要确保自行车的设计和尺寸适合你的身体，否则就可能会造成一些问题。此外，我还建议你配一个舒服一点的车座，这一点非常重要。

开始骑行之后，先花几个月的时间进行练习，逐渐达到每小时 15 英里匀速骑行的速度，也就是 4 分钟骑行 1 英里。每周骑行 3~5 次、每次 1 小时的运动量比较合适。同时，要记得佩戴头盔，并尽量避免在夜间骑行。

## 有氧操课

大部分有氧操课都是在教练的带领下进行的热身拉伸和有氧运动，而且一般都会配合音乐进行锻炼。健身房通常都会提供这样的课程，而且会针对学员的不同水平提供入门课程、中级课程、高级课程。有氧操课有很多不同的种类，最近比较受欢迎的包括有氧杠铃操和动感自行车，这些课程都旨在提高有氧适能，同时锻炼肌肉的强度和耐力。有些项目可能会伤到关节，所以一开始可以先参加一些强度较低的有氧操课程。这些课程的结构设计都很用心，可以吸引你投入训练当中。而如果你比较喜欢在家里自主锻炼，也可以找到很多这类课程的视频。

如果你决定要参加有氧操课，那么，一定要给自己找一双减震性很好的运动鞋，以增强稳定性，减少扭伤的风险。跳操最好是在木地板上进行，而且尽量不要铺太厚的地毯。每周锻炼 3~5 次，每次 45~60 分钟就可以了(包括走路)。

## 走路

走路有其他运动无法相比的好处。首先，走路不需要学习 ——你早就知道该怎么走路了。其次，走路所需的装备只是一双鞋而已，而且随时随地都可以走路，甚至逛街也是在走路，而且走路过程中受伤的概率也比其他运动低很多。最后，走路是一项很自然的运动，是我们从小就会的技能。尽管社会进化到今天，大部分时间人们都是坐着的，可是走路还是生活中必不可少的一部分。

为了散心和放松而走路是一回事，将其作为有氧运动则是另一回事了。要想让走路达到有氧运动的强度，则需要在一个小时的时间里完成 3 英里的步行距离，而一般情况下，20~30 分钟的步行并不能达到有氧运动的效果。如果选择将走路作为你的常规运动的话，就需要每周进行 4~5 次锻炼，最好是在室外。而如果 1 小时快步走不够的话，还可以增加负重，或是将走路的地方换成一个有坡度的场地。室内的跑步机则可以通过一些调整让走路达到有氧运动的效果。

要想让走路发挥最大的效果，一定要采取正确的姿势。双手自然前后摆臂，与迈步的方向相反，这种行为可以激活大脑的横向调节，加强左右半脑的协调性。鞋子的舒适性也非常重要，一定要有鞋垫，足弓位置的弧线要贴合双脚，并且后跟位置要能提供稳定的支撑。

当你能够一口气走 3~4 公里不需要休息的时候，就考虑可以去郊外、邻近的城市或者国家公园徒步远足了，单日或多日的徒步旅程都可以。野外徒步既可以锻炼身体，也可以让你恢复到精力充沛的状态。

## 运动应该是（画重点！）有趣的

体育锻炼应该是很有意思的；你需要尽早发现其中的乐趣，这样才能长期坚持下去。有几种方法可以做到这一点。尽量多去室外活动，最好是在风景优美的地方，比如公园，如果能到郊外去就更好了。如果你比较喜欢像游泳、骑行或慢跑这类单人运动，那你可以试着找个同伴，偶尔相约一起去锻炼。如果由于个人原因或天气原因，只能在室内锻炼的话，也可以一边骑室内自行车或跑步一边听音乐或看视频。有些人甚至会在锻炼的时候学一门外语呢！

## “狗狗把我的运动鞋咬烂了”

如果你总是在找理由不想去锻炼的话，要记得，很多人都会这样。但这也不是说你就应该任由自己用这些理由去逃避运动。运动是缓解焦虑的一种重要的自然方式，应该要加以重视。如果你能够将规律的有氧运动与规律的深度放松练习结合起来的话，焦虑症状(无论是恐慌发作还是日常的忧虑）一定会有显著的改善。运动和深度放松是对缓解遗传性焦虑最有效的两种方式，而这一类焦虑是天生就存在于基因当中的。因此，当你想要找借口逃避锻炼的时候，就可以用这一点来提醒自己。

## 借口，都是借口

下面是一些人们用来逃避锻炼的常用借口和应付方法。

●○**“我没有时间。”** 这其实就意味着你不想挤出时间来运动。体育锻炼可以强身健体，加强对焦虑情绪的控制，而这个借口就说明你并没有足够重视锻炼的作用。所以，这其实并不是你有没有时间的问题，而是你有没有重视运动这件事的问题。

● ○ **“运动太累了。”** 要想解决这个问题，你可以选择在上班前或午休时间去锻炼，而不是在结束一天的工作之后再运动。如果做不到这一点的话，你也一定要坚持。很多不愿意锻炼的人都没有认识到，适度锻炼其实是可以缓解疲劳的。很多人尽管工作很累，但也会坚持训练，他们在运动后其实会感觉体力有所恢复。只要克服了最开始懒得去运动的那种惰性，后面也就没有那么困难了。

● ○ **“运动好无聊，一点意思都没有。”** 难道我们前面说到的所有那些运动都让你觉得无聊吗？你真的全都尝试过了吗？或许你应该找个朋友和你一起去运动，这样就能更有意思一点了。又或者，你应该选择两种不同的运动交替进行训练，激发自己的兴趣。在坚持锻炼几个月之后，运动就会成为你的内在动机，这时你就会更加乐享其中了。

● ○ **“去外面找运动场地太不方便了。”** 这算不上是什么大问题，因为就算是在家里，也有很多进行大量运动的方式。固定的自行车和电动跑步机现在已经越来越普及，每天用任意一种器械锻炼 20 分钟就是很好的运动。如果你觉得这种运动有点无聊，也可以一边锻炼一边戴着耳机听音乐，或者也可以把跑步机或室内自行车放在电视前。如果可以看视频，在家里进行有氧运动其实很方便，也并不会让你感到无趣。其他在家就可以完成的运动还包括蹦床、健美操、划船机或者使用可以调整负重重量的综合性健身器械。此外，每天早晨电视上都会播放体育锻炼类的节目。如果你不想购置复杂的运动器材或专门的播放器，那只要放点动感的音乐，跟着音乐跳舞跳 20 分钟也完全可以。总而言之，不出家门也完全可以进行充分的锻炼。

●○“**运动会导致乳酸的增加，这难道不会引起惊恐发作吗**？”的确，运动会导致乳酸的加速释放，而对于对乳酸敏感的人来说，这也确实会导致惊恐发作。但是有规律的运动同时也会提高体内的氧转换率，也就是身体氧化自身所不需要的物质的能力，包括乳酸。因此，体育锻炼造成的乳酸增加也会被抵消掉，而总的来看，运动可以降低乳酸在体内积累的倾向。

●○“**我都已经超过 40 岁了，现在开始运动也太晚了**。”年龄从来都不是借口，除非你的医生给出了明确的不宜运动的医学理由。只要有毅力、有耐心，无论在什么年龄都能塑造出良好的形体。毕竟，还有很多六七十岁的人去参加 3 项全能呢。

●○“**我体重超重，而且身材特别不好**”或者是“**我怕剧烈运动给身体造成的压力太大，会导致突发心脏病**。”如果你有任何身体方面的原因可能会导致心脏出问题的话，一定要在医生的指导下制订你的运动计划。对几乎所有人来说，快步走都是一项比较安全的运动，而且有些医生也经常推荐，因为很少有人在快步走的时候会伤到肌肉或者骨骼。如果你超重或者身材很差的话，游泳也是相对安全的一项运动。在选择运动项目的时候，要谨慎地考虑自身情况，更重要的是，无论你是想每天坚持走路一小时，还是要练习马拉松，都一定要能够有决心坚持下来。

●○**“我以前尝试过加强锻炼，但是没什么用。”**问题在于为什么会没用。是不是你一开始就把难度定得太高，训练速度太快？是不是训练后出现的肌肉酸痛让你心生畏惧？是不是你觉得自己一个人运动有点孤单？或许现在你应该再给自己一个机会，重新去发现有规律的运动能给自己的身心带来什么样的帮助。

# 第三章

# 用健康的饮食结构调养身心

近年来，很多人都在探讨食物与情绪之间的关系，但大部分人在遇到焦虑时，并不会考虑饮食方面的问题。在克服焦虑恢复健康的治疗方案中，平衡饮食结构是非常重要的一部分。这是因为有些食物有镇静的作用，有助于情绪稳定；而有些食物则相反，会加重焦虑和压力对身体的影响。你有没有想过糖分摄入量与焦虑的关系呢？咖啡因在焦虑症状中起到什么作用呢？你又是否知道，蛋白质摄入不足会加剧焦虑的症状？在本章，你将了解到如何通过饮食调整达到身心健康。

## 饮食结构三宗罪

要想通过调整饮食结构让内心更加平静，首先需要考虑的就是，如何尽可能降低以下 3 种膳食元素对焦虑的加剧作用：咖啡因、糖分以及会导致过敏的食物。如果你已经习惯了高糖、高咖啡因的饮食结构，控制咖啡因和糖分的摄入可能并非易事，但这种做法可以让你更好地控制焦虑，也有利于身心健康。要注意识别并避免食用会让你过敏的食物，因为这类食物可能恰巧是让你欲罢不能的，同样，控制这类食物的摄入也会有很好的效果。

## 咖啡因

如果要选出最不利于焦虑症恢复的一种饮食元素，那一定就是咖啡因了。这是因为咖啡因会直接刺激身体中几个不同的系统。例如，咖啡因可以增加大脑中去甲肾上腺素的分泌，让人觉得头脑清醒；同时还可以起到和压力一样的作用，即加强交感神经系统的活动，释放肾上腺素。咖啡因还会导致维生素 $B_1$（硫胺素）的流失，而硫胺素其实有很好的抗压作用。所以，从缓解焦虑的角度来看，咖啡因的确有很严重的不良影响。

●○**每日咖啡因摄入量**。有焦虑症状的人每天摄入的咖啡因不应该超过 60 毫克，约为一杯速溶咖啡或一杯茶的量。要记住，不只是咖啡里才含有咖啡因，很多茶饮、软饮、巧克力、可可豆，甚至非处方药物都可能含有咖啡因。如果要遵循 60 毫克的定量，那么每天最多只能喝一杯咖啡或者一罐健怡可乐。此外，麻黄碱和伪麻黄碱与咖啡因的作用类似，因此也要减少摄入。

## 常见饮料及药品的咖啡因含量

| 热饮 | 每杯所含咖啡因 |
| --- | --- |
| 滴流咖啡 | 146 毫克 |
| 速溶咖啡 | 66 毫克 |
| 手冲咖啡 | 110 毫克 |
| 可可 | 13 毫克 |
| 低因咖啡 | 4 毫克 |
| 茶叶，冲泡 5 分钟 | 40 毫克 |
| 茶包，冲泡 5 分钟 | 46 毫克 |
| 茶包，冲泡 1 分钟 | 28 毫克 |

| 软饮 | 每罐(约 340 毫升) 所含咖啡因 |
| --- | --- |
| 可口可乐 | 65 毫克 |
| 无糖胡椒博士① | 54 毫克 |
| 胡椒博士 | 61 毫克 |
| 激浪汽水 | 55 毫克 |
| 百事可乐 | 43 毫克 |
| 波子汽水 | 49 毫克 |

① 胡椒博士（Dr. Pepper），美国 Dr Pepper/Seven Up（七喜）公司生产的一种焦糖碳酸饮料。

| 非处方药物 | 每片所含咖啡因 |
| --- | --- |
| Anacin① | 32 毫克 |
| Caffedrine② | 200 毫克 |
| Empirin③ | 32 毫克 |
| Excedrin④ | 65 毫克 |
| Midol⑤ | 132 毫克 |
| No-Doz⑥ | 100 毫克 |
| Vanquish⑦ | 33 毫克 |
| Vivarin⑧ | 200 毫克 |

| | |
| --- | --- |
| 巧克力 | 每块中等大小的巧克力含有 25 毫克咖啡因 |

- ○ **对咖啡因的敏感度**。不同的人对咖啡因的敏感度

---

① Anacin：阿纳辛，一种止痛药。
② Caffedrine：甲基黄嘌呤类中枢神经系统刺激物。
③ Empirin：类似阿司匹林的药物。
④ Excedrin：治疗偏头痛的药物。
⑤ Midol：治疗痛经的药物。
⑥ No-Doz：含咖啡因的兴奋类药物。
⑦ Vanquish：含有咖啡因和阿斯匹林等成分的止痛药。
⑧ Vivarin：含有咖啡因的兴奋类药物。

不一样。对于对咖啡因敏感的人来说，可能根本用不了一杯茶或一罐可乐，就会让他们感觉紧张不安，而且只要摄入一点点咖啡因，他们在晚上就可能会失眠，甚至引发惊恐发作。有些人第一次惊恐发作就是由于摄入了过量咖啡因。如果对咖啡因非常敏感，最好避免在饮食中摄入，如果没有那么敏感，可以多尝试几次，看看身体最多能承受多少咖啡因。但其实对大部分焦虑症患者来说，一天 50 毫克的咖啡因已经算比较多了。

●○**咖啡因脱瘾**。与上瘾类药物一样，长期大量摄入咖啡因会导致耐受性增加，在脱瘾时也更有可能会出现戒断反应。本来每天要喝 5 杯咖啡的人，突然减少到每天只喝 1 杯，就可能会出现疲惫、抑郁或头痛等戒断反应。比较好的脱瘾方法是在一两个月内逐渐减少咖啡因的摄入量。也有人会选择用低因咖啡作为替代饮品，因为每杯低因咖啡仅含有 4 毫克咖啡因，还有人会用喝茶来代替喝咖啡。

## 糖

在美国，每人每年平均吃糖多达 120 磅[①]！如果这一

① 1 磅约合 454 克。

数字出现在 20 世纪之前，那就说明美国人都过上了非常富足的生活，因为在当时，糖的价格很高，只有极少数有钱人能负担得起大量吃糖的费用。

而今天，糖已经是美国人日常饮食中最常见的调味品了，甚至很多人每天至少要吃两份甜点。而且，也不只是饼干或蛋糕这类甜点才含有糖分，麦片、沙拉酱、加工肉制品等各种食物里都含有大量糖分，除此之外还有各种高糖分汽水以及加了糖的茶和咖啡。所以，人类现在的糖消耗量是史无前例的，那么也就不难想到，我们的身体其实还没有完全适应这种高糖的饮食结构。

过量摄入糖分会造成慢性糖分代谢功能紊乱，导致体内糖分过高，也就是人们常说的糖尿病，而糖尿病的发病率自 21 世纪以来也在急剧增高。对更多人来说，他们面临的问题完全相反，即血糖浓度会周期性降低到正常水平以下，这种情况称为低血糖。

## 低血糖

看到下面这些症状，你会有什么想法？

- 轻度头晕或头痛。
- 精神错乱或定向障碍。
- 震颤发抖。

● 感觉无力、站立不稳。

● 烦躁易怒。

● 心悸。

是不是想到了惊恐发作？其实，上面这些都是低血糖的症状。当血糖浓度低于 50~60 毫克/分升（mg/dl）或突然从高浓度降低时，低血糖的症状就会在短时间内快速出现。很多有低血糖的人都觉得在进食后“惊恐”的感觉很快就会缓解甚至消失。如果在餐后 3~4 小时常出现上述任意症状，并且只要吃点东西症状就会缓解，那么就应该去找医生看看是不是患有低血糖了。尽管大部分人的焦虑或惊恐症状与低血糖没有太大的关系，但低血糖还是会加剧由其他因素引起的广泛性焦虑和惊恐发作。

临床上正式诊断低血糖的方法是 6 小时葡萄糖耐量试验。试验前应禁食 12 小时，然后服用高浓度的葡萄糖水，随后，每 30 分钟测量一次血糖浓度，持续 6 小时。患有中度至重度低血糖的人一般会在这项测试中得到阳性结果，然而，很多轻度的低血糖是无法通过这项测试发现的。因此，你也很有可能出现了低血糖的一些自觉症状，但却在葡萄糖耐量试验中得到了阴性的结果。以下是一些低血糖的常见自觉症状：

● 餐后 3~4 小时（或在深夜里）出现焦虑，如轻微头晕或头痛、敏感易怒等症状，而进食后几分钟之内以上情况就会得到缓解。

• 摄入糖分后会有一种“快感”，但在20~30分钟后会变得抑郁、易怒或呆滞。

• 在早上4：00—7：00会感到焦虑、不安、心悸，甚至惊恐。(由于人们一般不会在夜里进食，所以血糖浓度一般在清晨处于最低值。)

其实，只要对饮食结构做出一些调整，并服用一些营养品，就可以很好地解决低血糖所带来的一系列问题。

• ○ **针对低血糖的饮食结构调整**。如果你有低血糖的症状，下面这些建议可能会对你有所帮助：

• 尝试彻底戒糖。不仅包括那些明显含有白糖或蔗糖的食物，比如糖果、冰激凌、蛋糕以及饮料，而且也要注意食物中其他形式的糖分，比如蜂蜜、人造糖浆、人造甜料、天然糖浆、麦芽糖、右旋糖，以及果糖(左旋糖)。一定要仔细阅读所有加工食品的配料表并判断食物中所包含的各类糖分。如果实在想吃糖的话，可以在餐后吃一小份甜点。

• 用水果(水果干除外，因为水果干的含糖量极高)代替甜食。少喝果汁，或仅将少量果汁加入水中起到提味作用即可。

• 尽量少吃单一碳水化合物，如通心粉、精制麦片、土豆、玉米片或白面包，而是代之以复合碳水化合物，比如全麦面包和麦片、糙米饭以及蔬菜，因为这些食物的血糖指数比较低。血糖指数指的是在食用某种食物后人体血糖上升的速度。血糖指数越低，血糖上升就越慢，对身体造成的压力也就越小(更多有关血糖指数的信息，请参阅书后参考资料中巴里·西尔斯与安德鲁·韦伊的著作)。

● 在正餐之间，也就是上午 10：30—11：00、下午 4：00—5：00 吃一点复合碳水零食(比如全麦饼干、全麦面包配金枪鱼，以及腰果和杏仁之类的零食)。两餐之间尽量不要吃甜食。如果你总是早上醒得比较早，晚上吃点零食或许就能让你多睡几个小时。除了餐间的零食，也可以试试少食多餐，即每天吃 4 顿或者 5 顿饭，每顿饭少吃一点。重点就在于每过两三个小时就吃点东西，从而保持血糖平稳。

● ○ **低血糖的营养补充剂**。以下营养品有助于治疗低血糖：

● 复合维生素 B：每日随餐服用 1 次，每片含有 11 种 B 族维生素各 50~100 毫克(压力较大时，每日服用 2 次)。

● 维生素 C：每日随餐服用 2 次，每次 1000 毫克。

● 吡啶甲酸铬：每天服用 200~400 毫克。

● 谷氨酰胺：午饭前半小时和晚饭前半小时各服用

500 毫克（谷氨酰胺是一种氨基酸，可以减少人体对糖的渴求）。

- 镁：每天 200~600 毫克。

复合维生素 B 和维生素 C 可以增强对压力的耐受力，从而稳定血糖浓度。B 族维生素还可以调节新陈代谢，更好地将人体内的碳水化合物转化为糖。吡啶甲酸铬帮助胰岛素促进组织细胞对葡萄糖的摄取和利用，对血糖浓度起到直接的稳定作用。镁同样具有稳定血糖的功能。

## 食物过敏

身体想要抵御异物入侵时，就会出现过敏反应。有些人对某些食物有过敏反应，食用后会出现流鼻涕或打喷嚏等典型的过敏症状，同时可能还会出现以下一系列心理或身体症状：

- 焦虑或惊恐。
- 抑郁或情绪波动。
- 头晕。
- 敏感易怒。
- 失眠。
- 头痛。
- 神志不清或定向障碍。

- 疲劳。

大部分人只有吃了过量的某种特殊食物且同时吃了几种过敏性食物，或者因感冒、感染而对某些食物的耐受力显著降低时，才会出现过敏症状。而有些人则非常敏感，食用极少量的特定食物就会致命。很多时候，轻微的心理症状会出现得较晚，因此人们常常很难发现这些症状与食物之间的关系。

在美国，最常见的两种会引起过敏的食物是奶制品和小麦，奶制品中的酪蛋白和小麦中的麸质（这两者均为蛋白质）就是罪魁祸首。其他会引起过敏反应的常见食物还包括酒精、巧克力、柑橘类水果、玉米、蛋类、大蒜、花生、酵母、贝类、豆制品和西红柿。食物过敏的一个典型症状就是渴求，人们会对让自己过敏的食物念念不忘，巧克力就是一个最明显的例子。此外，如果对面包（小麦）、玉米片（玉米）、奶制品或其他特定食物有极度的渴求，那或许它们就是过敏原。很多人从来都意识不到，他们最爱吃的食物，其实对他们的情绪和身心健康是有轻微损害的。

如何分辨食物过敏有没有加剧自己的焦虑呢？可以去医院找营养科的医生做检查。在众多食物过敏的正规临床测试中，放射过敏原吸附试验（RAST）和酶联免疫吸附试验（ELISA）相对比较可靠。这两种血液测试检测的就是在各种食物过敏原出现时，血液中会出现多少抗体。如果有某种食物会导致血液中的抗体数量增加，就说明对这种食物过敏。这两种测试可以提供详细的报告，列出所有会让你过敏的食物，因此，这两种测试的结果也是很好的诊断依据。

也可以用一些不是特别科学，结果也不一定非常准确的方法来进行自我检查。排除法就是其中之一。假设你想检测一下自己对小麦制品是不是过敏，那就只需要在两周之内完全不吃任何含有小麦的食物，并观察自己有没有感觉比之前舒服一点。两周结束后，再开始吃大量小麦制品，并观察自己在 24 小时之内会出现什么症状。检测过小麦制品之后，还可以再测试一下奶制品，但同时只能针对一种可能是过敏原的食物进行测试，这样才不会混淆结果。

还有一种不太科学的测试方法就是在吃完某种东西之后测脉搏。如果比平时的脉搏高出 10 次/分钟，可能就是你吃的东西引起了过敏反应。

不过，出现过敏反应也并不是说这辈子都不能再吃这种食物了。如果几个月都没有碰这种食物，很有可能再去吃的时候就不会不舒服了。比如说，如果原来每一餐都吃面包，不妨改成一周只吃几次。

食物过敏会加剧部分人的焦虑和情绪波动的症状。

如果你也面临这个问题，最好去请教一下有临床资质的医生或自然疗法医师，诊断一下自己是否真正存在食物过敏问题。

## 用自然饮食法调养身心

多吃天然食品有利于身心健康，也可以抑制焦虑的倾向。总的来说，食物的加工程度越低越好。新鲜的蔬菜就比蔬菜罐头或冷冻蔬菜更健康，而一个苹果比一包黄油爆米花更能让人精力充沛。所以，一定要尽可能多吃未经加工的天然食品，包括新鲜的蔬菜水果，全麸谷类，非精制的麦片、豆类、坚果，新鲜的鱼类以及放养禽类。此外，还要注重食物的多样性，这样才能摄入身体所需的各种营养。日常的饮食中应当包括复合碳水化合物，例如蔬菜和全麸谷类；脂肪，例如油和坚果；还有蛋白质，例如禽类、冷水鱼(如鲑鱼)、蛋类以及豆制品。

## 为什么要少吃加工食品?

加工食品中的营养会受到两方面的影响。首先，加工食物从细胞层面就受到了破坏。比如在制作面粉时，麸皮和胚芽会被剥离，仅留下果实部分，这个过程就导致 20 种营养成分流失。而在随后的加工环节，只有 4 种成分能够重新添加回来。其次，加工食品中会添加很多防腐剂和其他食品添加剂，这些都会降低食物的营养价值，而且如果大量食用还会严重危害健康。

## 并非自然选择的天然食品

很少有人能永远保持健康的饮食结构，但尽量保证营养均衡非常重要。也就是说，食物的种类越丰富越好，还要非常清楚哪种食物是更好的选择。想吃甜食的时候，应该做一盘水果沙拉，而不是去找糖吃。看电影的时候也可以用胡萝卜蘸天然杏仁酱来替代膨化食品。在很多人看来，这就意味着在非常想吃糖或单纯想吃东西的时候，不去选择最先想到的那种食物。的确，天然食品已经不是人们“自然”而然的选择了，但我们可以培养自己吃天然健康食品的习惯。如果你经常吃垃圾食品，选择天然食品在一开始可能会很难，但是从长期来看，健康的饮食结构对身体、情绪，甚至心灵都是有好处的。要想通过调整饮食结构来保持身体健康和内心平静，以下是一些比较实用的建议。

- **多吃复合碳水化合物**。新鲜的蔬菜和水果、全麦面包、全麸谷类以及豆类都属于复合碳水化合物。这些食物中富含纤维、维生素、矿物质以及其他营养成分，可以预防糖尿病、癌症和心脏病等一系列慢性疾病。

碳水化合物也可以看作是一种食用镇静剂，因为它可以促进色氨酸的吸收，而色氨酸是大脑中刺激血清素分泌的一种氨基酸。这一过程中释放的血清素一般都有很好的镇静作用。

●○**增加日常饮食中膳食纤维的比例**。越来越多的证据证明膳食纤维(包括纤维素、果胶、木质素等) 对健康有很大的益处。膳食纤维可以增强体内水分吸收，促进排便从而缓解便秘，也可以通过促进营养吸收，并减少排泄物在肠道中的停留时间，来控制血糖和血脂，从而降低直肠癌和其他肠道疾病的患病风险。健康的饮食结构包括每日 25~40 克的膳食纤维，但美国人平均每天食用的膳食纤维仅有 5~10 克。要想在日常饮食中多摄入膳食纤维，可以多吃豆类和粗粮，或在做饭的时候多加入一些米糠。此外，还可以在午餐和晚餐时吃一点蔬菜沙拉。吃水果的时间最好放在两餐之间，因为很多人都觉得水果和蛋白质不利于同时消化。一定量的膳食纤维有利身体健康，但如果食用了过多的纤维(例如只吃全麦面包和新鲜的蔬菜) 则可能会给肠道带来负担，并导致身体浮肿，所以一定要循序渐进地调整自己的饮食结构。

- **如果想吃红肉，最好选择放养且不含抗生素的牛肉**。放养且不含抗生素的牛肉是优质蛋白的来源，并且富含肉毒碱，能够加速脂肪燃烧，让人精力充沛，反应敏锐。优质的牛肉还可以对大脑起到保护作用，从而更好地应对压力。

- **食物种类要尽量丰富**。种类丰富对饮食结构尤为重要。正如生活需要有丰富的经历和人脉，日常饮食中也要有多种多样的食物。要想保持健康，就需要摄入超过40种营养元素，这些元素可以分为大量营养元素（蛋白质、碳水化合物以及脂肪）和微量营养元素（维生素和矿物质）。前者需要摄入的量很大，而后者则相对较少。只有丰富的食物种类才能满足这些营养需求。

你可能想问，怎么样才能在摄入足量的碳水化合物和蛋白质的同时保证不会摄入过多的脂肪。这就需要尽可能选择脂肪含量较低的肉类和奶制品。此外，有意识地多吃豆类和豆制品也可以补充蛋白质。在做饭的时候要时刻注意，比如说鸡胸部位的鸡皮含有5克脂肪，所以最好不要去吃它。此外还可以通过烤、焙等方式减少食物中的脂肪含量。

- **尽量选择有机食物**。有机食物指的是使用天然肥料培育而成的蔬菜、水果和谷物，且在种植过程中没有使用过农药或杀菌类化学药品。而非有机种植的蔬菜和水果表面可能会有农药残留物。大多数商店里出售的肉类和禽类可能都含有抗生素和类固醇的残留，而有机肉类或以放养方式生产的鸡肉则不会有这种情况。为满足消费者的需求，有些超市推出了不含农药残留的农产品，而且大多数健康食品商店也都会提供有机食品。

如果你家附近确实买不到有机蔬菜和水果，以下这些方式可以帮你尽可能地减少摄入传统种植方式带来的化学物质残留：

- 吃蔬菜和水果之前都要彻底清洗干净。
- 剥掉卷心菜、圆生菜及其他绿色蔬菜的最外面一层。
- 苹果或黄瓜等表面打过蜡的瓜果要削皮后再吃。
- 如果你买到的橘子、柠檬或青柠不是有机水果，那就不要用它们的果皮做菜。

● ○ **饮酒需适量**。尽管酒精可以缓解压力，但也会对健康不利。尽管有研究表明，每天喝一点酒有利于长寿，但如果把酒精作为逃避现实的工具，就是非常危险的行为，严重时还会导致酗酒。酒精饮品的热量很高，营养价值却很低。过量的酒精会消耗 B 族维生素，影响血糖，导致血压升高，还会影响正常的社交。因此，就算一定要喝酒，记得要把饮酒量控制在一天一杯以内。

● ○ **多吃蔬菜**。人人都知道，蔬菜富含维生素、矿物质和膳食纤维。但大家总是不相信——其实蔬菜也可以很好吃。现在，人们的日常饮食中有太多的甜食，蔬菜反而不常见了。不过，这种不喜欢蔬菜的习惯并不是天生的(很多婴儿甚至还很喜欢蔬菜做成的食物呢)，而且可以慢慢调整过来。重新爱上蔬菜可能没有想象中的那么难。随着垃圾食品在日常饮食中的占比逐渐减少，你可能也会突然意识到，新鲜的蔬菜经过精心的制作也可以非常好吃。清蒸之后，蔬菜的清香会充分散发出来。最好能每天把新鲜蔬菜和做熟的蔬菜都各吃一点。午餐和晚餐可以吃一份各种不同蔬菜混合的沙拉，比如生菜、黄瓜、萝卜、洋葱和西红柿。做熟的西蓝花、菠菜、芦笋、青豆、羽衣甘蓝或甜菜则可以在正餐中搭配鱼类和米饭。十字花科蔬菜(圆白菜、西蓝花、羽衣甘蓝、芥菜等) 最好做熟之后再吃。吃蔬菜有多方面的益处，包括预防直肠癌。如果你总是没精打采，可以吃上一份清蒸混合蔬菜配豆腐和糙米饭，这样你就会神采奕奕了……而且说不定还会觉得很好吃呢。

●○**摄入优质脂肪**。在脂肪摄入方面，重点不在于摄入多少，而是在于要选择优质脂肪。在日常饮食中摄入适量脂肪酸有助于细胞膜的健康，还可以调节炎症反应。脂肪还可以帮助我们的身体更好地应对压力。每天饮食中约25%~30%的热量应该来自优质脂肪。保持欧米伽

3、欧米伽 6，以及欧米伽 9 这三种脂肪酸的平衡至关重要。现在美国人的饮食中含有很多的欧米伽 6 和欧米伽 9 脂肪酸，但欧米伽 3 的摄入却稍显不足。麻油、南瓜籽油、亚麻籽油、橄榄油、菜籽油、核桃和新鲜鱼类，特别是鲑鱼和沙丁鱼中，均富含欧米伽 3 脂肪酸。其中，DHA 这种在鱼类和鱼油中含量较多的脂肪酸对于保护神经和大脑的健康非常重要。

此外，天然的动物和乳制品脂肪，包括发酵过的奶油、有机的牛肉和羊肉、放养禽类和这些禽类的蛋的蛋黄中都含有欧米伽 3 脂肪酸。然而，营养学家们对动物脂肪的看法却并不一致。有些专家认为动物脂肪多含有饱和脂肪酸，不利于身体健康，因此应该避免摄入动物脂肪。而其他人则认为适量食用优质的饱和脂肪酸是有利于身体健康的。所以，如果决定在饮食中保留肉类和奶制品，一定要尽量购买无农药残留、无抗生素、不含激素的有机食品。

在尽量食用优质脂肪的同时，也应该减少不饱和植物油的摄入，例如红花油、葵花籽油、芝麻油、玉米油和大豆油。最好避免食用人造黄油、薯片、玉米片、大多数糖果和饼干，以及油炸食品中含有的反式脂肪酸，也尽量不要吃任何含有部分氢化油的食物。要记得仔细阅读食品包装上的配料表，以识别并避免买到含有部分氢化油的食物。

●○**细嚼慢咽(认真咀嚼食物)**。吃什么固然重要，怎么吃也同样不可忽视。如果吃饭速度太快，没有进行完全咀嚼的话，食物中很多营养都无法吸收，而且可能出现消化不良的情况。食物的消化是从咀嚼过程开始的。如果食物在口腔中消化不充分，那么在胃里的消化也会不充分。而这种消化不充分的食物经过小肠时，就有可能发酵，导致胀气或痉挛。此外，由于只吸收了食物中的部分营养，还可能会出现轻微的营养不良。为了充分吸收食物中的营养，要安排足够的时间慢慢吃饭，每一口饭都咀嚼15~20次。如果这么做了之后还总是觉得胀气或者消化不良，那就应当考虑去找医生咨询一下是否有必要随餐或在餐后服用消化酶(在健康食品商店就可以买到)。如果消化正常，饭后都应该感到舒适愉悦，而不是昏昏欲睡。

●○**保持健康体重**。尽管我们常会看见各种承诺快速见效的饮食计划，但最好的体重管理计划应该是一直保持有规律且有意识的饮食。节食是没用的。有研究表明，体重起伏过大会损害健康，并导致后续减重更加困难。节食只是暂时性的手段，而真正的体重控制则是我们终身都需要为之努力的。

下面是一些可以帮助你保持健康体重的方法。此外，有氧运动可以促进新陈代谢，对控制体重也有所帮助。

● 慢慢吃饭。不要狼吞虎咽，要享受食物的色泽、美味和口感。进食后，下丘脑需要花 20 分钟才能够感觉到食欲得到满足，并出现饱腹感。

● 吃饭的时候注意力要集中，不要一边吃饭一边看书或看电视。要把所有注意力都集中在吃饭上，这样才能真正去关注食物的口味、色泽和分量的多少。

● 吃饭要有规律。有研究表明，坚持每天有规律地吃 3 餐或 4 餐的人能够更好地控制体重。这可能是因为他们在两餐之间不会因为感到特别饿，就去吃零食或在下一餐吃得过多。而且，科研人员已经发现，早餐有规律的人每天摄入的热量会相对较少。

● 感到焦虑的时候，可以用本书第一章介绍的放松方法来应对，也可以去看场电影，或去运动，有氧运动是最好的选择。

● 感到无聊的时候，可以去做点有意思的事，比如出门散步、给朋友打个电话，或培养自己的爱好。

● 感到生气的时候，可以给让你生气的人写封信(但是不要真的把信寄出去)，也可以去跑步或者做园艺。如果特别想吃东西的话，可以选择吃点胡萝卜或者无糖口香糖。

● 感到疲惫的时候就去睡觉，或者洗个热水澡。除此之外，散步和骑行也能让你重新感到精力充沛。

- ○ **大量喝水**。水(应该) 无处不在。我们每天至少应该喝水 6~8 杯(每杯约 240 毫升)。为什么呢？多喝水可以保护肾脏。肾脏的主要功能是过滤体内新陈代谢所产生的毒素以及从周围环境进入体内的有害物质，大量饮水有助于保护肾脏的正常功能，带走体内的毒素。如果你生活在干燥炎热的地方，蛋白质摄入量高，有喝酒或咖啡的习惯，在服用药物、发烧，或出现泌尿系统不适时，就更应该尽可能多地补充水分。

饮用水的质量也非常重要。大部分净水厂只能做到消毒杀菌，然而工业或农业排放的污染物也会影响到地下水，对这些化学物质净水厂则无能为力。净水厂一般是通过氯化作用来消毒，这一过程也会对人体造成伤害。氯气是一种有毒气体，会在消毒过程中生成有毒物质三卤甲烷，这种物质会导致癌症和先天缺陷。氯气还会置换碘元素，影响甲状腺激素的释放。因此，自来水并不适合直接饮用。

买瓶装水是一种可行的选择，或者也可以在水龙头上装一个净水装置。如果买瓶装水，要确保标签上明确标注水里都含有什么物质，因为在一些水源地，地下水已经受到了污染。活性炭过滤器和反渗透系统是两种最常见的净水系统，两者都可以过滤掉水中的氯元素和有毒的有机分子。而反渗透系统还可以过滤掉水中的有害重金属，不过反渗透系统的一个缺点就是比较费水；活性炭滤水器的滤芯需要时常更换。这两种滤水系统都可以大幅度提高自来水的水质，而且与每天买瓶装水相比，也更方便和实惠。

●○**如果你有乳糖不耐或对奶制品过敏，就少喝牛奶，少吃奶制品**。以下几个关于牛奶和奶制品的问题应当引起我们的关注。乳糖是奶类中碳水化合物的组成部分。很多人都有乳糖不耐症，这些人的胃部无法合成乳糖酶，这是消化乳糖必不可少的一种消化酶。因此，乳糖不耐的人喝过牛奶之后就会出现胀气和肠胃不适的情况。

牛奶中的蛋白质(酪蛋白）可能会引发过敏反应，最常见的症状就是流鼻涕。牛奶和奶制品常会加剧慢性过敏症状，例如哮喘、支气管炎以及鼻窦炎。此外，牛奶还会引发一些自体免疫方面的症状，例如类风湿性关节炎和狼疮。

为了提高奶牛的产量，农户一般会给奶牛喂特殊的药物或激素，因此，市面上的大部分牛奶中都含有这些药物或激素的残留物。经过巴氏消毒法消毒的均质牛奶中不含任何细菌，但残余的激素却无法去除。认证过的奶制品公司生产的生牛奶可能不含激素，但是却可能含有细菌。

是不是觉得情况不妙？没关系，总还是有办法来应对的：如果想少喝点牛奶，可以选择其他类似的替代品，包括豆奶或米糊，很多人都觉得这两种饮品的味道并不比牛奶逊色。健康食品商店里就可以买到这些饮品，甚至一些传统的大超市里现在也可以看到它们的身影。

此外，还可以尝试用大豆奶酪来替代普通的奶酪，或选择低脂及脱脂的牛奶奶酪。

●○**提高饮食结构中蛋白质相对于碳水化合物的比例**。直到几年前，还有很多营养学家都提倡每天摄入的热量中，至少70%都应当来自复合碳水化合物。大多数人认为摄入过多的脂肪会导致心血管问题，而摄入过多的蛋白质则会提高身体的酸度并累积毒素。在这种理论的支持下，理想的饮食结构应当包含10%~15%的脂肪、15%~20%的蛋白质，其余都应是复合碳水化合物。然而，在近几年里，越来越多的证据证明，大量摄入碳水化合物对健康并无益处。

碳水化合物在体内的主要作用是生成葡萄糖，也就是为身体和大脑提供能量的糖分。同时，胰腺会分泌出胰岛素来将葡萄糖运送到各个细胞里。摄入过量的碳水化合物就意味着身体需要分泌更多的胰岛素，而过多胰岛素则会对身体的大多数激素和神经内分泌系统造成负面影响。

食用过多的麦片、面包、意面，甚至是米饭等谷物或像胡萝卜、玉米和土豆之类的蔬菜都会让体内的胰岛素水平上升，破坏其他系统的平衡。解决这个问题的办法不是单纯地不吃碳水化合物，而是要根据脂肪和蛋白质的摄入量，按比例减少碳水化合物的摄入，同时保持每天摄入的总体热量不变，这样一来，饮食结构中的脂肪或蛋白质也不会超标。要保证每天食用适量的蛋白质和脂肪，与此同时，按比例减少每餐的碳水化合物。最理想的饮食结构应当包含25%~30%的蛋白质、25%~30%的脂肪（为降低心脏病风险而选择低脂饮食结构的情况除外），以及40%~45%的碳水化合物，其中应当包含来自蔬菜的蛋白质和优质动物脂肪。

贝瑞·希尔斯（Barry Sears）在1995年的著作《范围》（*The Zone*）中提供了大量研究材料，证明降低碳水化合物/蛋白和碳水化合物/脂肪摄入比例的优点。有些焦虑症患者表示在饮食中按比例增加碳水化合物可以缓解焦虑的症状。这其实也很正常，因为焦虑和其他情绪障碍出现常常是由于缺乏血清素等神经递质。而如果没有稳定摄入蛋白质的话，就无法为身体持续供应氨基酸，那么大脑也就无法释放足够的神经递质（特别是血清素）。无论你是否严格按照40∶30∶30的比例去搭配饮食，至少每一顿饭都应当摄入一定量的蛋白质(最好是鱼类、有机饲养的家禽、豆制品、蛋类、未加工的奶酪或豆类)。与此同时，也要注意蛋白质的摄入量不能超过每天摄入热量的30%，特别是不要吃过多的肉类、鸡肉或鱼肉，否则可能会导致身体的酸性过高。

●○**就算在外面用餐，也要尽量保证健康**。快节奏的现代生活在很大程度上推动了食品服务业的发展。对我们很多人来说，在外面吃饭不是为了犒劳自己，而是因为只有这样才能有时间去忙其他事情。可问题在于，大多数餐厅的食物含盐量、热量以及饱和脂肪的含量都过高。而且自己做饭的时候，买到的食材一般也比餐厅的食材要更加新鲜一些。所以，在外吃饭并不是什么有利身体健康的好习惯，但如果真的别无选择，做到以下这几点就可以吃得更健康：

- 有意识地避免快餐和垃圾食品。
- 尽可能选择使用有机天然食材的健康餐厅。
- 如果附近找不到健康餐厅，也可以选择去高档的海鲜餐厅吃一份新鲜的烤鱼。同时，还应该配一点新鲜蔬菜、土豆或米饭，或是蔬菜沙拉。如果吃沙拉的话，最好不要加奶油和含奶类的沙拉酱。
- 如果连海鲜餐厅也找不到，还可以去吃中餐或日本料理，点一些米饭、蔬菜、新鲜鱼类和豆腐。在中餐馆吃饭时，可以告诉服务员不要在菜里加味精（谷氨酸钠），因为很多人都对味精过敏。

● 一般来说，不要吃配餐的小面包，而且也不要点蛤蜊浓汤这一类加了奶油的汤。

● 选择那些用简单的烹饪方式做出的菜肴，比如说没有加各种酱料的鸡肉或白鲑鱼肉。

● 抵抗高热量的甜食。

● 一定要告诉服务员你的需求，不要怕麻烦。毕竟你是花钱去吃饭，所以当然也有权力要求厨师按照自己的要求准备食物。

● 要逐渐适应口味清淡的食物。在下定决心放弃高糖、高热量和口味很重的菜品之后，你就会发现清淡的食物也非常美味。

## 自然而然地做出改变

读到这里，你可能了解了一大堆关于改变饮食结构的建议。但如果以前没怎么仔细考虑过这些问题，现在可能会感觉压力很大。其实也不用担心，因为并不需要一下就做出所有的改变。可以先试着减少咖啡因和糖类的摄入，因为这两者与焦虑症状的关系最为密切。而在其他方面，则可以按照让自己舒服的节奏，在做好充分的准备之后，自然而然地做出调整。如果是出于治愈和关爱自己的目的改变饮食习惯，而非逼迫自己去改变，就会更容易将好的习惯坚持下来。

# 第四章

# 冷静思考

想象这样一个场景：假如有两个人在机场候机，而航班已经延误了半个小时。其中一个人在想：太倒霉了！现在我只能在机场待着，什么都干不了，也不知道航班要延误多久。回家之后还有那么多事情要做，现在我的安排全都打乱了。烦死了！再等下去简直要疯了！可以想象，她现在很暴躁、焦虑，也很生气。而另外一个人则在想：既然只能待在机场，那这段时间可以好好利用一下。我要把还没看的书看完，也可以给之前去拜访过的朋友发个信息表示感谢，或者听着音乐练习几次腹式呼吸也不错。她的心态就非常平和、冷静，感觉一切都在自己的掌控之中。

这个例子告诉我们，对一件事的看法，可能比这件事情本身更能影响我们的感受。我们的想法太过真实，让我们觉得是某件事情"让"我们有某种感受，但其实并非如此，是想法告诉我们应该要有这样的感受。事实上，在面对特殊情况的时候，是自己的所思所想决定了情绪和感觉。简而言之，感受在很大程度上是取决于自己的(身体上的生理反应除外，如生病)。

这一点非常重要，而且有着重要的意义——可能你需要过上一阵子才能完全理解。将自己的感受归因于除了自己之外的其他人或事非常容易，而为自己的反应和情绪负责就没那么简单了。但只有愿意承担这种责任，才能够真正掌控生活。而当你能够接受想法对感受的巨大影响时，内心会变得更加强大，生活也会由此变得更加快乐，同时焦虑的症状将会有所缓解。

在本章，我们将探讨加剧惊恐发作、恐惧障碍、忧虑的恐惧心理。如果你受到这几种形式的焦虑的困扰就会知道，当这些症状出现时，你的思绪会发生灾难性的变化。例如，刚开始感到惊恐的时候，你可能会想，我要疯了。而各种假设类的想法则是多种忧虑心理的典型表现：万一我得了癌症怎么办？大家肯定都觉得我疯了，以后就没人会把我说的话当真了。我是不是得辞职了。控制焦虑的一个重要方法就是把这些灾难性的负面想法转换成更为实际的想法。下文也介绍了一些方法，可以帮助你更好地掌握它。

## 惊恐发作

惊恐是最为极端的一种焦虑形式。惊恐发作时，身体会出现一系列生理性应激反应，并引发强烈的焦虑症状。如果把“一般的”焦虑比作是篝火，那么惊恐就是地狱的熊熊烈火了。惊恐带来的常见生理症状包括心悸、胸闷、呼吸急促、头晕目眩、昏厥、盗汗、恶心、颤抖，以及手脚出现刺痛感等。这些生理症状常会让人害怕“疯了”、心脏病发作或死亡。此外，出现不真实的感受以及强烈的想要逃走的意愿也是常见的症状。惊恐发作可能是因为身处感到恐惧的环境，也可能没有任何诱因就自然发生了。

第一次惊恐发作可能会带来一定的创伤，甚至有时候仍然会感到很恐惧、无助，并对未来可能出现的发病情况感到焦虑。很多时候，惊恐确实会反复发作，而现在我们不是很清楚，为什么有些人只会出现一次惊恐发作——或每几年才出现一次——而也有些人每周都会发作好几次。

不过，我们也可以学着去应对惊恐发作，这样就不会感到害怕了。通过一些长期和短期的干预方法，你可以很好地控制惊恐发作的频率和强度。长期的干预措施包括根据本书内容改变生活方式，其中尤为重要的就是按时深度放松（第一章）、坚持锻炼（第二章）、控制咖啡因和糖分的摄入量（第三章），以及简化自己的生活（第九章），而短期干预则包括敢于改变恐惧的自我对话以及培养积极现实的想法。

## 惊恐发作其实并不危险

任何有过惊恐发作的人都知道，他们经历过的恐惧实在是太深刻了。惊恐发作时，会出现非常强烈的焦虑，让你对眼前的情况感到绝望，甚至觉得这是生死攸关的局面，因此，出现对死亡或严重伤害的恐惧也显得非常合理。然而，惊恐发作其实并不危险，既不会导致心脏病发作、脑卒中、窒息、猝死或任何其他的生理危险，也不会让你“失控”或“失去理智”。你之所以感到恐惧，是因为尽管没有出现任何真正的威胁，但身体还是向大脑发出了警示的信号，而大脑则虚构出了危险的幻觉来配合身体的症状。下面这些症状和恐惧心理其实是有密切关系的。

| 症状 | 恐惧心理 |
|---|---|
| 心悸 | 我心脏病要发作了或我要死了 |
| 窒息感 | 我喘不上气，要窒息了 |
| 头晕 | 我要昏过去了 |
| 感觉神志不清或“不太正常” | 我要疯了 |
| 两腿发软 | 我站不住了或我走不了路了 |
| 强烈的生理反应 | 我完全没办法控制自己或我要疯了 |

如果告诉自己现在有危险，那恐惧就会加倍，从而加剧生理症状，并形成一种恶性循环，让你越来越惊恐。但如果能够让自己相信，身体的症状其实并没有什么危险，那么这种恶性循环是完全可以避免的，所有的这些

危险都只是幻觉而已，只是当身体出现强烈的惊恐反应时你想象出来的假象。要提醒自己，这些恐惧根本没有任何现实依据，这也是应对惊恐的第一个步骤。接下来，我们将依次讨论不同的恐惧心理。

●○**惊恐发作不会导致心衰或心跳骤停**。在惊恐发作时，心跳加速和心悸的感觉确实很可怕，但其实这种症状并没有什么危险。心肌是由强健有力的肌肉束组成的，其强度远超你的想象。健康的心脏可以在几个小时之内，保持每分钟跳动 200 次而不会受到任何损伤。所以，如果出现了心跳加快的情况，不用刻意去做什么，要相信不会有危险，而且心跳终究会恢复平静。惊恐发作对心脏没有伤害。

●○**惊恐发作不会导致呼吸骤停或窒息**。在惊恐发作时，胸闷或呼吸不畅是很常见的症状，你也可能因此会害怕窒息。这是因为在遇到压力的时候，颈部和胸部的肌肉会非常紧张，呼吸就会受到限制。但是在这种时候，呼吸道和肺其实一点问题也没有，这种胸闷的感觉也很快会过去。而且如果真的缺氧，大脑的反射机制也会强制你开始呼吸。到了一定的时候，你就会强烈地想要呼吸。缺氧导致的惊恐发作也一样，你可能开始大口喘气，在缺氧而昏倒前就会开始深呼吸了(即便真的昏过去了，你也会立刻开始呼吸)。也就是说，在惊恐发作时出现窒息和呼吸不顺畅的感觉尽管非常难受，但其实并没有实质性的危险。

- ○ **惊恐发作不会导致昏厥**。惊恐发作时出现的头晕可能会让你害怕昏过去。头晕是因为头脑供血略有不足，这可能是因为呼吸过快。这种症状并不危险，只要你放慢呼吸节奏，通过鼻子进行腹式呼吸就可以缓解。有条件的话，站起来慢慢走几步也会减轻头晕的症状。其实，什么都不做就可以了，因为这种头晕目眩的感觉完全可以自行消退。

- ○ **惊恐发作不会导致失去平衡**。惊恐发作时，常会伴随眩晕的感觉，这可能是由于内耳里调节平衡的半规管的功能因为紧张而受到了影响。在一段时间之内，你可能会感觉头晕，很难受，甚至觉得周围的东西都在围着自己旋转。当然，这种感觉也会慢慢过去，而且并不会有什么危险。你也不太可能真的完全失去平衡。如果这种感觉持续长达几分钟还没有消失，就可以考虑咨询医生(最好是耳鼻喉科专家)，看看是否有感染、过敏或其他影响内耳功能的问题。

- ○ **惊恐发作时，双腿无力的感觉不会真的让你摔倒**。惊恐发作时释放的肾上腺素会导致腿部血管扩张，所以血液可能会因循环不畅而在腿部的肌肉中积累，让你有一种双腿酸软或虚弱的感觉，害怕自己可能无法正常走路。与其他恐惧心理一样，这也只是一种感觉而已，你的腿也依然健康有力，完全能够正常地支撑身体。双腿是很坚强的！安心等待这种虚弱感和颤抖的症状慢慢消失之后，你随时可以健步如飞。

●○**惊恐发作时，你不会“疯掉”的**。在惊恐发作时，呼吸急促导致的血管收缩会减少大脑的供血，这就会带来一种神志不清的可怕感觉。在这种感觉出现的时候，要提醒自己这只是轻微的大脑供血不足以及暂时性的动脉收缩导致的症状，无论你感觉有多难受或多怪异，这和“发疯”没有任何关系。尽管很多人都经历过这种恐惧，但其实从来没有人在惊恐发作时直接“发疯”。这种神志不清的感觉虽然很痛苦，但也总会过去，而且并不会造成任何伤害。

此外，人们不会毫无缘由地突然“发疯”。精神障碍的表现包括一系列精神失常的代表性行为(例如精神分裂症或躁狂抑郁性精神病)，这些行为是在一段时间里逐渐形成的，而且惊恐发作并不会引发这些行为。简而言之，无论你的症状有多严重，惊恐发作都不会让你真的“发疯”。

●○**惊恐发作不会让你“失控”**。在惊恐发作时，身体会出现很多强烈的反应，所以也很容易就会想象自己可能会“完全失控”。但完全失控到底是什么意思呢？是全身瘫痪无法动弹吗？是没有意识地到处乱跑吗？其实，从来都没有这样的事情发生过。在惊恐发作期间，所有意识和感受都会被放大，而且只有一个目标：逃跑。逃离或试图逃离当前的状况是惊恐发作时唯一能让你“发泄”的方式，而完全失去对自己的控制则只是一种假想出来的危险而已。

## 惊恐的发展过程

惊恐发作是由一系列事件引起的，包括身体不适以及负面的想法。经常出现惊恐症状的人倾向于将诸如心悸或头晕等生理症状看作是非常危险的状况。第 93 页概括了惊恐心理的发展过程。

## 初始刺激因素

初始刺激因素指的是会引发整个惊恐循环的事件或状况。这种因素可能是外在的，比如遇到了以前曾让你感到惊恐的状况，也可能是内在的，比如心跳加速或呼吸急促等生理现象。无论是否注意到了这些刺激因素，你都会由此开始感到忧虑和恐慌。

初始刺激因素

（例如：呼吸困难或交通拥堵）

↓

忧虑

（例如：要是惊恐发作了怎么办？）

↓

早期生理反应

（轻微的症状，例如：胃痉挛、心跳加速、掌心出汗、头晕等）

↓

负面想法

（例如：心脏病要发作了或我要疯了）

↓

生理反应加剧

## 忧虑

忧虑的想法会很快出现，它们就像没有缘由的担心。这些想法可能包括：

要是又出现惊恐发作怎么办？

我有点头晕——是不是又要失控了？

感觉不太对——我得赶紧离开这里！

天呐——我又开始难受了。

这些担忧会让你进入惊恐的下一个阶段：生理反应。

## 生理反应

我们的身体天生就会将所有潜在的危险看作是需要战或逃的威胁。所以，在忧虑的想法出现几秒后，一些生理反应就会出现或加剧，例如呼吸加速、肌肉紧张或出汗，同时在心理上，你也会很紧张。如果把这些身体上的症状看作是一种危险，就会引发应激反应，从而导致惊恐发作。所有哺乳动物天生就有这种应激反应，因为这样它们才能和天敌搏斗或在天敌出现时逃跑。当应激反应出现时，会导致以下生理症状：

- 心率会快速升高，从而迅速为全身各大肌群供氧，以便逃跑或战斗。
- 呼吸加速，为高强度的快速活动提供能量（这可能会让你感到胸闷）。
- 大脑供血会稍有不足，因为血液会更多地流向各大肌群（这可能会让你感到头晕、神志不清、思绪混乱）。
- 流向四肢的血液减少，这是为了防止受伤后失血过多（可能会让你感到手脚冰凉，同时面色潮红）。
- 身体会出大量的汗，这是为了让天敌更难抓到自己。
- 消化速度放慢（这可能会让你感到痉挛或恶心）。

尽管这些症状没有任何危险，但你做出的反应很有可能还是进入惊恐的下一个阶段：负面想法。

## 负面想法

负面想法的出现标志着你的身体已经进一步为战或逃的反应做好了准备。

以下是一些典型的负面想法：

再不离开这里，我肯定会心脏病发作。

下高速之前（或通过红绿灯之前）我绝对会昏过去。

我肯定会口吃，看起来特别傻。

我要疯了！

完了——我要死了！

这些想法会导致惊恐的最后一个阶段，即生理反应加剧。

## 生理反应加剧

当你的身体收到情况危险的信号后（虽然可能你其实并没有危险），就会释放大量的肾上腺素，从而引发更多的负面想法，导致更强烈的生理症状。这样的连锁反应最终会带来严重的惊恐发作。

## 中断惊恐的发展过程

避免惊恐的出现意味着要在惊恐发展的初期就中断这个过程。要想做到这一点，就需要意识到惊恐不会带来任何灾难性的后果，并常常提醒自己。也可以在心里不断地重复：惊恐发作并不危险。的确，身体上的症状会使你很难受，但这些症状并不会对身心造成永久性的伤害。如果能够用积极现实的想法，例如“这只是惊恐发作而已，没什么大不了的”来代替“我要失控了，我要疯了”这一类负面想法，你就能够中断惊恐的发展过程了。下面的练习可以帮助你扭转一些负面想法，从而避免惊恐的发作。

## 用现实积极的想法来代替负面想法

用现实积极的想法来代替负面想法总共需要 3 个步骤。首先，要辨别出负面想法；其次，要去思考它们是否真实；最后，还需要用更加实际的想法去替代它们。

## 练 习

### 改变与惊恐相关的负面想法

在开始练习之前，找一张白纸，在中间画一条竖线，将纸分为左右两部分。在左边一列的顶部标上“负面想法”，右边一列的顶部标上“实际的想法”。

●○第一步：在惊恐的生理症状出现后，辨别出自己的负面想法。

想一想当惊恐的症状出现时，你脑海里都在想些什么？非常焦虑的时候，是什么样的想法最让你感到困扰？如果还不是很清楚有哪些负面想法，可以在未来的两周好好观察一下自己，看看在焦虑或惊恐的感受出现之前，自己有哪些负面的想法。当焦虑症状得到缓解之后，要花点时间反思一下之前的恐惧心理。下面列出了一些常见的负面想法，你可能会发现有些非常熟悉，因为你也曾有过类似的念头。你的负面想法也有可能没有出现在下面，那么就需要你自己去辨别自己的想法了，这个步骤非常重要。把你的负面想法写在纸的左边一列。

我要死了。

我要疯了。

我控制不了自己。

这种可怕的感觉永远也停不下来。

我真的好害怕。

我的心脏病要发作了。

我要昏过去了。

我肯定会出丑。

我得赶紧离开这里。

我一会儿肯定看起来特别傻。

大家一定都觉得我疯了。

我总是会这样。

我也不知道我这是怎么了。

我的身体肯定是出了什么问题。

我脑子里很乱。

我会窒息而死的。

不知道人们会怎么想我。

我什么都看不见了。

我会伤害到别人的。

我会脑卒中的。

我简直想尖叫。

我说话不清楚，就像在胡言乱语。

我要吐了。

我喘不上气了。

要出大事了。

●○**第二步**：问问自己，这些想法真的符合实际吗？

客观地审视自己的负面想法，问问自己这些想法是否真的符合实际。你还可以用下面这几个问题来检验负面想法的真实性：

● 我想象中的这种后果以前出现过多少次？

● 以前惊恐发作的时候，一般会出现什么样的情况？

● （如果你的负面想法与一些生理症状有关，例如心脏病或呼吸不畅）我的身体是否真的出了什么问题？

可以参照前文“惊恐发作其实并不危险”小标题下的内容。

●○**第三步**：出现惊恐发作导致的生理反应时，用现实积极的想法来代替脑海中出现的负面想法。

假如，你现在的负面想法是“我头好晕，感觉要昏过去了！”那么接下来，你就应该根据上一个步骤中所观察到的客观事实，让自己的想法变得更加实际，并把这种现实积极的想法写在纸的右边一列。继续用上面的例子来看，新的想法应该是“我稍微有点头晕，但这只是惊恐发作的前期表现而已。从来没有人因为惊恐发作就晕倒，这种症状并不危险，而且很快就会过去”。

## 原发恐惧和继发恐惧

克莱尔·威克斯(Claire Weekes) 在《关于焦虑的忠告和帮助》(*Hope and Help for Your Nerves*) 和《在焦虑中享受平静》(*Peace from Nervous Suffering*) (1978) 这两本书中提出了原发恐惧与继发恐惧的区别。原发恐惧来源于惊恐初期的症状。当你感觉身体出现了一些生理反应，例如心跳加速、出汗或头晕之后，就会感受到原发恐惧。对这些症状的恐惧想法会让你产生继发性恐惧，也就是说，当你开始对自己说“我受不了了，我得赶快离开这里”，或者“如果其他人看到我这个样子怎么办啊”，继发恐惧就会萦绕在你的思绪当中，让你的症状更加复杂。你可能没办法控制原发恐惧，但通过学习和练习，你可以习惯一些生理反应的出现和消失，而不是带着害怕的心理与其对抗，这样你就可以减少继发恐惧对自己的影响。如果你能够防止继发恐惧的出现，不害怕身体的变化，那么这些生理症状也很快就会自行消失。在 5 分钟之内，那些引发惊恐的大量肾上腺素就会被代谢并被身体重新吸收，生理上的应激反应也会随之消失。

## 继发恐惧的终结者：积极的应对陈述

原发恐惧的出现可能是随机的，但消极悲观的自我对话则会直接导致继发恐惧。如果你在心里告诉自己“我的生理症状非常危险，整个人马上就要崩溃了”，那你就会被自己吓得非常焦虑，类似于“我要疯了”或“我受不了了”这样的想法基本上一定会引起继发恐惧。相反，如果你安慰自己“我只是有点焦虑而已——不会有什么影响，以前也出现过类似的情况，没什么危险”，或者“我还能坚持一下，马上就会过去”，那么继发恐惧就可能不会出现，而且原发恐惧也会有所缓解。

试着用下面这些应对陈述来帮助自己培养积极的心态，学会接受惊恐发作时出现的生理症状。当你觉得惊恐发作的症状出现后，不断重复某一个应对陈述可能会很有帮助。在重复应对陈述的同时，还可以通过腹式呼吸来更好地放松。如果你觉得某一条应对陈述不再有用，就尝试其他陈述。

- 虽然我现在感觉很难受，很不高兴，但这还在我的接受范围之内。
- 虽然很焦虑，但我能够应付现在的这种情况。
- 我能处理好自己的感受和症状。

- 这件事没那么着急，我完全可以慢慢想清楚自己该怎么做。
- 现在还不是最坏的情况。
- 我可以平和地看待现在的症状，并等待焦虑逐渐缓解。
- 我可以抓住这个机会，练习应对恐惧心理。
- 继续做该做的事情就好。这种感觉会过去的。
- 就当做什么都没发生吧，没必要让这种感觉影响自己。
- 现在完全可以不用这么害怕。
- 我有足够的时间可以放松。
- 没必要逼迫自己。我可以一步一步慢慢做出改变。
- 以前出现这种情况的时候，我都挺过来了，这次也一样。
- 我有自己的一套应对方式，这一切都会过去的。
- 虽然感觉很不舒服，但是焦虑本身并不会伤害到我。
- 这只是焦虑而已，不会对我有太大的影响。
- 不会出什么大事。
- 再怎么想要和这种感受对抗都没用，就这样吧。
- 这些都只是我的想法，不是现实。
- 不一定非要这么想。我可以换个角度考虑这个问题。

- 现在没有什么危险。
- 那又怎样呢。
- 这些感觉只是在提示我，应该想办法渡过难关。
- 这些感觉都会过去，我不会有事的。
- 这只是肾上腺素的作用，等几分钟就好了。
- 这种感觉没有什么危险。
- 别担心了，开心点。(可以用这句陈述让自己放松心态，保持幽默感。)

运用这些应对陈述缓解惊恐的早期症状的同时，最好配合腹式呼吸来放松(见下文)。如果经常出现惊恐发作，可以把你觉得最有效的几个应对陈述写在小卡片上，然后把这些卡片放在钱包或口袋里。这样，当感觉惊恐的症状将要出现时，就可以随时拿出卡片看看上面写的句子。如果你开车的时候总有些紧张，也可以把卡片粘在仪表盘附近的位置。要记住，将应对陈述和腹式呼吸结合起来效果会更好。

## 继发恐惧的终结者：腹式呼吸

腹式呼吸本身就可以缓解惊恐障碍，让人进入深度放松的状态，而且这种简单的做法可以有效缓解焦虑的生理症状。如果在惊恐发作的初期开始腹式呼吸，就有可能避免出现继发性恐惧心理，缓解原发性恐惧心理。关于腹式呼吸的详细指导请参考第一章。

## 分散注意力

腹式呼吸和应对陈述应该是惊恐发作时的最佳保护措施。除此之外，以下这些也是能够分散注意力的方法，也可以在惊恐发作或感到其他焦虑的情况下起到一定的作用。

- 找别人聊天。当面说话或者打电话都可以。
- 到处走走，做一些体育运动。
- 做一件简单重复的事情。比如说在排队的时候数钱包里的钱，或者在等电梯的时候在心里默默唱一首歌。
- 表达出愤怒的情绪。可以因为焦虑而感到生气，只要不把这种怒气发泄在其他人身上就行，甚至可以大喊“你别想掌控我的生活”。
- 关注当下的环境，把注意力集中在周围的事物上；如果你觉得有帮助的话，甚至还可以去触摸这些东西。
- 练习思维停顿。告诉自己停下来，或者用橡皮筋弹一下手腕，这些做法可以帮助你停止一系列的负面想法，随后进行腹式呼吸或默默重复常用的应对陈述。焦虑的症状得到缓解之后，最好反思一下之前脑海中的恐惧想法。

## 恐惧障碍和烦恼心理

恐惧障碍和长期的烦恼心理主要由 3 个因素造成：易感状态、回避以及恐惧和错误的自我对话。

对某种特定的事物、状况或事情感到非常敏感的时候，就会出现恐惧障碍——也就是说，焦虑的发生是以特定的事物、状况或事情为条件的，或与其有密切关联。如果你曾在坐飞机、开车或骑车的时候出现过强烈的焦虑，那么可能之后每一次遇到同样的情况就都会感到焦虑。易感状态意味着只要出现某种情况，甚至有可能只是想到某种情况，就会引发焦虑的症状。

易感状态出现后，你很有可能就会开始回避这种特定的情况，开始持续性地回避一件事的时候，就形成了恐惧障碍。回避是一种本能的应对方法，但是却并不是很有效。想要远离让你感到恐惧的情况是很正常的，但问题在于，习惯性的回避会让你意识不到自己其实可以处理好这种情况，从而避免引发恐惧障碍。还记得那个笑话吗？有一位患者去找医生看病，跟医生说："我胳膊一动就疼。"然后医生说："那你就别动你的胳膊了。"这位医生开出的“处方”就是回避感到恐惧的情况或事物。

不过，也并不需要让自己突然就不再对某种事物感到害怕，而是可以在一段时间内，逐渐让自己面对害怕的事物，并慢慢地加强这种刺激，而且这个过程最好是有人来协助你共同完成。消除恐惧应该是一个缓慢且慎重的过程。更多关于用暴露疗法治疗恐惧障碍的内容，请参考埃德蒙·伯恩（Edmund J. Bourne）和洛娜·加拉诺（Lorna Garano）的著作《应对焦虑》（*Coping with Anxiety*）第四章的内容，或向专门治疗恐惧障碍的心理医生资询。

第三种，也是最重要的导致恐惧障碍及烦恼心理的一个因素——恐惧和错误的自我对话。对恐惧的事越觉得烦恼，就越有可能会产生一些与此相关的错误的自我对话。此外，可能还会在头脑中想象出，如果不得不面对自己的恐惧，最坏的结果会是什么样的。这些负面的想象和自我对话都会加剧恐惧心理，让你走不出害怕的阴影。此外，这些想法还会打击自信心，让你觉得自己无法战胜自己的恐惧。如果能够消除掉这些想法的话，就有可能不再选择回避，而是勇敢地面对自己的恐惧。

## 过高评价和过低评价

恐惧障碍和恐惧心理有很多不同的形式，但潜在的负面自我对话都是类似的。你害怕的可能是过桥、患重病、在公众场合发表讲话或者是打针输液，但其实这些恐惧背后的错误想法往往都差不多。两种最常见的错误思维模式就是：对危险发生可能的过高评价以及对自己应对能力的过低评价。

高估危险发生的可能会让你的想法局限在最坏的后果上，哪怕这种后果出现的概率很小。这类错误的思维模式一般都是用“如果”开头的假想，比如“如果我得了癌症怎么办”或“如果我考砸了被退学怎么办”。

这些想法同时也显示出，你低估了自己应对这些情况的能力。这些假设所传达的隐含内容就是你所恐惧的结果会带来无法避免的灾难。但其实，只要你开始试着去扭转自己的负面想法，就会发现，其实就算你最害怕的结果成了现实，也会有很多应对的方法。也就是说，你至少可以在一定程度上控制这些事情对你生活的影响。下面的几个例子就阐释了在不同的恐惧心理中，过高评价和过低评价带来的影响，以及怎样运用更加现实的自我对话来应对。

## 例：害怕严重的疾病

●○**出现负面思维**。我总是感觉很累，浑身无力。会不会是得了癌症自己却还不知道？如果得了癌症这辈子就完了。我肯定会受不了的，最好把该办的事都办完就去自杀。

●○**找出有问题的想法**。有问题的想法是，因为我总是感觉很累，浑身无力，所以一定是得了癌症，以及如果得了癌症，我完全不知道该怎么办。要想找出有问题的想法，首先要把所有关于问题本身的假设都列出来，然后把这些假设都改成陈述句，例如把“感觉很累，浑身无力，如果是癌症怎么办”改成“因为感觉很累，浑身无力，所以我得了癌症”。

●○**辨别这些想法的真实性**。疲惫无力就是癌症症状的可能性有多大？如果真的不幸得了癌症，情况能有多糟糕？我真的会彻底崩溃，没办法继续生活吗？客观来讲，是不是我真的完全不能应对这种情况？要注意最开始的问题是怎么问的，下面这几种问题可以帮助你辨别自己的想法是否真实：

- 事情发生的可能性有多大？
- 客观来讲，这种情况出现的可能性有多大？

- 在过去，这种情况发生的频率有多高？
- 如果真的出现了最坏的结果，我是不是确实完全没办法来应对？
- ○**用更实际的想法来替代这些错误想法**。很多生理疾病和心理障碍都会导致疲惫无力的症状，包括低毒性的病毒感染、贫血、肾上腺疲劳、甲状腺功能减退、抑郁以及食物过敏等。所以我出现这种症状有很多种可能的原因，我也没有出现癌症特有的症状，所以我感到疲惫无力不一定就说明我得了癌症。此外，就算真的是癌症，我也不太可能完全崩溃。当然，一开始可能要花几天或几周的时间来调整心态，这个过程或许会有点困难，但之后我该开始思考自己应该如何应对了。尽管很难，但如果别人都能应付，我也不会比别人差。到时候，医生和我会一起制订出有效的治疗计划。我也可以加入附近的癌症互助小组，而且我的朋友和亲人也都会支持我。除了常规的治疗之外，还可以加上一些辅助性的措施，比如练习视觉引导或调整饮食结构，这些都会对恢复健康起到很好的作用。也就是说，我会尽一切可能去应对这种情况。

## 例：害怕在公开讲话时感到惊恐

- 出现负面思维。要是一会儿演讲的时候惊恐发作怎么办？他们会不会觉得我疯了？我这辈子都没办法面对这件事了。

- 找出有问题的想法。有问题的想法是，公开演讲一定会让我感到惊恐，以及其他人肯定会觉得我疯了，这对我来说简直是个灾难。

- 辨别这些想法的真实性。客观来看，我在演讲时惊恐发作的可能性有多大？如果我真的惊恐发作，人们就一定会知道我的状况，并觉得我疯了吗？假如最坏的情况发生，听众都觉得我是个疯子，又能有多糟糕呢？我真的会觉得活不下去了吗？

- 用更实际的想法来替代这些错误想法。如果真的惊恐发作，我完全可以简要地讲完我的稿子，然后回到座位上坐下来。人们会沉浸在自己的思考当中，没有人会注意到我状态不好，也没有人会介意发言时间太短。就算人们感觉我有惊恐发作的症状，比如脸红或者声音颤抖，他们也不太可能觉得我疯了或者特别奇怪。如果把我换做他们，难道我会那么想吗？

他们更可能只会来关心我一下。而且，即便是有人因为我的惊恐症状而觉得我疯了，或者有什么问题，我也可以和他们解释，告诉他们我只是很害怕公共演讲而已。最近也有很多关于焦虑的科普宣传，他们应该都能理解我。做到完全坦诚也算是我应对这种情况的一个方法。而且无论发生什么，过几天我估计就都忘干净了，不可能永远都放不下。毕竟以前我还遇到过比这更尴尬的事情呢。

## 例：害怕失业

●○**出现负面思维**。过去几年经济发展一直不好，失业率持续走高。要是我也是失业了怎么办？连房租都交不起了怎么办？可能就只能去睡大街，而且可能再也没法自食其力地生活了。找家人和朋友帮忙实在是太尴尬，我可能只靠乞讨活下去。

●○**找出有问题的想法**。有问题的想法是，经济衰退就会导致我失业，以及失业会让我陷入无助且绝望的境地。

●○**辨别这些想法的真实性**。我失去工作的可能性有多大？就算失业，难道真的会走投无路只能去睡大街吗？真的没办法东山再起吗？真的不可能向家人和朋友寻求帮助吗？

●○**用更实际的想法来替代这些错误想法**。我现在并没有明显的经济方面的危机，就算失业了，也有很多办法可以渡过难关。失业的毕竟只是少部分人，我也可以再找到其他工作。我工作认真，有一技之长，家人和朋友都对我很好，而且我以前曾经在他们需要的时候帮助过他们，所以如果我真的付不起房租，那么在重新振作起来之前，也可以借住在他们家里。另外，我还有一点存款，就算最坏的情况发生，毕竟还有社会保险呢。所以，我可以接受一段时间的失业，虽然会过得很艰难，但这并不是克服不了的困难。

## 扭转不切实际的恐惧

上面的 3 个例子解释了如何用更加实际的积极想法，去扭转导致恐惧心理的负面消极想法。你也来试一试吧，通过下面 5 个步骤来扭转不合实际的恐惧：

1. 找出让自己恐惧的想法。这些想法一般都是以“如果”开头的假设句。

2. 将这些想法改写成肯定的陈述句。

3. 判断这些陈述是否符合实际。

4. 形成更加符合实际情况的想法。

5. 列出一些应对的方法，当你真正遇到害怕的情况时也可以有所准备。

## 练　习

### 扭转不切实际的恐惧

找一张白纸，在纸上写下：

自我对话（各种假设）________________________

不切实际的想法______________________________

扭转这些想法________________________________

更符合实际的积极想法________________________

如果最坏的情况真发生了，我应该如何应对？_____

要确保每一条后面都留出足够的空间来写字。因为你可能会重复这个练习，所以我建议你至少把这个表单复印20份备用。做好备用表单之后，就可以按照下面步骤来扭转自己那些与恐惧或忧虑相关的错误思维模式。

●○第一步：我在告诉自己什么？

找一个相对来说比较放松和平静的时间。如果你当时正感到焦虑或不开心，可以找一些放松的办法，比如说腹式呼吸或渐进式肌肉放松（详见第一章）。内心真正放松下来的时候，才能够更好地注意到内心的感受。

放松下来之后，可以问问自己，让自己感到焦虑的是哪些想法？这些想法一般都是“如果”开头的假设句。比如说，如果你害怕在高速公路上开车，你可能会想，“如果我惊恐发作，车子失控怎么办?”把你的假设写在第一个小标题“自我对话”的下面。

**●○第二步：不切实际的想法（将假设句转换成为肯定陈述）**

把假设句改为肯定的陈述句，这是为了让你的错误想法看起来更清楚，也更容易被扭转。比如，“如果我惊恐发作，车子失控怎么办”可以改成“我惊恐会发作，然后控制不住这辆车”。把改写的句子写在第二个小标题“不切实际的想法”下面。

**●○第三步：扭转错误想法**

还记得吗？引发焦虑的恐惧心理包括对恐惧事件发生概率的过高评价，以及对自己应对能力的过低评价。你可以通过思考下面这些问题来扭转自己的思维模式：

- 客观来看，这种情况发生的可能性到底有多大?
- 这种情况在过去发生的频率有多高?
- 是不是觉得这种情况是完全无法控制、无法解决的?

通过思考这些问题，你就可以审视一下自己的恐惧是否符合实际，也能够更好地识别恐惧心理之下有偏差的思维模式。把你对这些问题的答案写在第三个小标题

“扭转这些想法”下面。例如：就算我恐慌发作，也不太可能完全失去对车子的控制。

**●○第四步：形成更加符合实际的想法**

用上一步中得出的答案，帮助自己构建更加符合实际的思维模式，在这种模式下，你的想法应该是更加现实、更加积极的。把这些想法写在第四个小标题“更符合实际的积极想法”下面。例如：如果在高速公路上开车开始感到恐慌，我肯定有办法应对。可能当时的一些症状会比较难受，但是不至于让我完全失控。

**●○第五步：如果最坏的情况真的发生了，我该怎么应对？**

最后，想一想如果你最害怕的情况真正出现了，有什么样的应对方法。把你想到的应对方法写在最后一个小标题“如果最坏的情况真发生了，我应该如何应对”下面。例如：一旦感觉非常焦虑，就可以在路边的紧急停车道把车停下来，如果没有紧急停车道，也可以在最右侧车道打开双闪，把车速降到45公里/小时，然后通过应对陈述和腹式呼吸来缓解焦虑，并在最近的出口驶出高速公路。

在几周的时间内，反复阅读你写下来的符合实际的想法和在最坏的情况下的应对措施，这样就会在大脑里留下深刻的印象。你也可以在小卡片上把这些话都写下来，并且随身携带，需要的时候可以很方便地拿出来看。对自己的每一项恐惧障碍和烦恼心理，都可以在不同的纸上重复练习。

#### ●○快速上手的简单应对技巧

控制焦虑的一种重要方法，就是改变导致恐惧障碍和烦恼心理的非理性思维。要想熟练掌握这种方法需要长时间的坚持和大量的练习，不过，一旦真正掌握了，就能很好地控制自己的焦虑症状。

还有一些应对的方法可能没有那么重要，但在感到焦虑时也有一定的帮助。下面就是一些缓解焦虑症状的简单易行的小技巧，这些技巧可以单独使用，也可以作为本章提到的其他练习的热身活动。

### 应对恐慌的简单技巧

以下这些技巧可以帮你在恐慌出现的初期缓解恐慌的症状。如果还在初始刺激或忧虑的阶段，就可以使用这些技巧(详见本章“惊恐的发展过程”这一小节的内容)。如果这些技巧一开始没有什么效果，那就坚持练习，让自己对这些技巧更加熟练，效果就会更加明显。

- 腹式呼吸 3~5 分钟。
- 给你信任的人打电话，或当面说说话。

● 到处走走。去户外散步。做一些自己喜欢的体育运动。或者做家务。

● 在心里重复对你最有用的应对陈述 1~2 分钟，同时也可以进行腹式呼吸。同一个陈述用到没效果了之后，就换一个新的陈述。(也可以准备好一系列的陈述，按顺序从上到下依次去读。)

● 关注当下。要让自己学着去接受 ——而不是抵触——当下发生的一切。腹式呼吸以及关注自己的身体感受(特别是四肢的感受) 可以帮助你更好地做到这一点。

● 表达出对焦虑的愤怒。可以喊出来，发泄自己的情绪，例如:“从我的生活里滚开 ——我还有更重要的事情要做！或别想把我的生活搞砸!”如果有必要的话，还可以用拳头打枕头，发泄自己的情绪。

● 立刻去做一些会让自己感到舒服的事情。比如找一个值得信任的朋友谈心、洗个热水澡或者哼两句自己最喜欢的歌。

## 应对烦恼心理的简单技巧

当你因为某件事感到烦恼的时候，就很有可能会陷入一系列恐惧想法的怪圈当中，导致焦虑的加剧。下面这些技巧可以让你不再将精力和注意力放在让你烦恼的事情上。不过，这些方法更适用于轻微的焦虑或强迫式的烦恼。同样，练习越多，这些方法对你来说也就会越有效。

- 做体育运动，室外更佳。
- 练习渐进式肌肉放松（详见第一章）。
- 找人聊聊除了烦恼之外的其他事情，当然，你想要表达一下自己的感受也完全可以。
- 从视觉上分散注意力，例如看电视、在手机上看视频、玩电脑或者下棋。
- 开动双手，比如画画、做手工、修家具家电或者做园艺活。
- 用迷宫、拼图、字谜或其他需要开动脑筋的游戏来缓解强迫式的思维。
- 用实际行动来应对让你感到烦恼的事。如果你害怕坐飞机，那就看一本相关的书籍或听关于如何缓解飞行焦虑的音频。如果你害怕公众演讲，就试着对着录音机做一次讲话。

## 改变观点和看法的简单技巧

下面这些技巧可以帮助你扭转对某一个问题或情况的看法，重塑你对那些感到烦恼的事情的认知，并把负面消极的预期扭转为对未来的积极展望。不一定所有的技巧对你都同样有效，所以可以每一个技巧都试一下，然后再选出最有效的。有时候，态度可以很快改变，不过在使用下面这些技巧前先花点时间放松一下也同样会很有帮助。

● 事情已经是这样了，无论合不合自己的心意，一切都已经是既成事实了。

● 放松心态，不要紧张，没什么大不了的。

● 要知道，很多人都和你有同样的经历和感受，你并不孤单。

● 培养自己的积极心态，毕竟你面对的情况还挺有意思，或者挺新奇的。

● 就算是遇到了问题，也未必是坏事，你或许可以从中学到一些东西。

● 自己尽力就好，剩下的就交给老天吧。

● 想一想，其实克服困难的过程也是自己成长的过程。

● 感受自己在解决问题的过程中的那种活力，关注这种活力本身。当然，一段时间之后，可能这种感觉就消失了。

● 要相信自己有足够的能力可以处理各种情况，包括最坏的情况。

- 要意识到很有可能最坏的情况并不会发生。
- 要非常耐心、温和地对待自己的各种感受。
- 仔细想想，是不是自己并没有遇到什么问题，只是需要改变。
- 要知道，你已经被这件事困扰了很长时间，或许想要掌控它，已经并不是最好的方法。
- 把困难看作是重新认识自我的一个工具。
- 用一生的时间跨度去看待眼前的困难，并为其赋予生命的隐喻。
- 要相信，既然其他人可以克服这样的困难，那么你也可以。
- 你现在的烦恼放到一生的时间里来看，其实并不是什么严重的事情。
- 如果你已经尽力了，那无论如何，你也只能做到这样了。
- 要相信一切都会过去，这件事也一样会过去的。
- 深呼吸，调整呼吸节奏，相信一切都会变得更好。

# 第五章

# 加剧焦虑的生理状况

大多数情况下，焦虑的背后都不是一个单一的明确病因，而是一系列生活方式和身心健康的问题。本章所探讨的生理因素可能会直接加剧焦虑症状，也可能会导致身体负担过重，从而对焦虑的耐受力变弱。这些因素包括肾上腺疲劳、念珠菌病、体内毒素、经前期综合征、以及季节性情绪失调。此外，第三章讨论过的低血糖和食物过敏也对身体有类似的影响。尽管这些情况并不少见，但其症状常被人们所忽视。不过，受焦虑症困扰的人都应该多加注意本章提及的多种病症，包括其症状、治疗方法和致病原因。

## 肾上腺疲劳

长期无间断的压力会给肾上腺带来很大的负担。汉斯·塞利(Hans Selye)是一名研究压力的知名专家，他曾提出，肾上腺长期超负荷运转会导致其功能低下或疲劳(1984)。而肾上腺功能紊乱又会影响到我们处理高压情况的能力，使得我们遇到压力时更容易焦虑。睡眠不足、生活中的各种压力、长期暴露在高温或低温环境中，暴露在毒素、污染物、过敏原中以及长期服用肾上腺皮质酮都可能会加剧肾上腺疲劳。此外，突发性的创伤或严重的身体疾病也可以引起或加剧肾上腺疲劳恶化。这些因素当中有很多都与焦虑的发作有密切的关系，特别是亲人离世或生活变故等突发的心理创伤。焦虑与肾上腺疲劳常常同时出现。

肾上腺疲劳有不同的阶段。遇到压力时，肾上腺会出现机能亢进，分泌大量肾上腺素和去甲肾上腺素，以及皮质醇等其他类固醇激素。如果压力持续的时间很长，肾上腺的负担就会过重，并出现暂时性的功能障碍。但只要身体健康，肾上腺就会进行自我调整，并恢复正常的状态。然而，如果高度压力持续的时间过长，肾上腺就会再次疲惫并在相对长的一段时间内出现功能上的问题。在这个阶段，人们会在两种状态间摇摆不定，一种是过度释放肾上腺素，导致惊恐发作和情绪不稳定；另一种就是肾上腺素释放不足，导致疲惫和压力耐受能力不足。长期肾上腺疲劳的最终后果包括慢性疲劳综合征、纤维肌痛、慢性支气管炎、慢性鼻窦炎，以及从狼疮到类风湿性关节炎等一系列的自身免疫性疾病。

肾上腺疲劳的症状包括：

- 压力耐受力降低（以前不会导致烦恼的小事也会让你产生压力）；
- 没精打采、昏昏欲睡（一般体现在早上起床很困难）；
- 快速站起来的时候会出现头晕的现象（体位性低血

压）；

- 光敏性增强（很难适应室外的亮光）；
- 很难集中注意力，记忆力下降；
- 失眠；
- 低血糖；
- 过敏（过敏原可能为食物和周围环境中的物质、花粉、霉菌等）；
- 经前期综合征的症状增强；
- 感冒和呼吸道疾病频发。

●○**低血糖与肾上腺疲劳**。低血糖与肾上腺疲劳会经常同时出现。肾上腺可以辅助胰腺将血糖维持在稳定水平。当肾上腺功能出现问题时，血糖水平通常会随之波动。如果肾上腺疲劳现象越来越严重，免疫系统就会受到损伤，让人更加容易出现过敏、哮喘、呼吸道感染和感冒等症状。

●○**上瘾与肾上腺疲劳**。对咖啡因、烟草、酒精上瘾也与肾上腺疲劳有密切关系，这一点与对糖上瘾的效果类似。如果有上述上瘾情况，出现肾上腺疲劳的概率就会高出平均水平。

●○**日常生活与肾上腺疲劳**。完美主义或对自己期望过高可能导致长期压力过大，而且难以达到自己的期望，这也会引发肾上腺疲劳。

## 从肾上腺疲劳的状态恢复健康

要想从肾上腺疲劳的状态恢复健康，你需要从几个不同的角度下手。改变生活方式、吃一些营养品，或调整饮食结构可能都会有所帮助。以下是一个简单的列表。

- ○ **让生活变得更简单**。问问自己，生活中哪一项习惯、做法或责任没有让生活更加丰富多彩，反而成了自己的负担(详见第九章)。

- ○ **坚持练习最适合自己的放松方式**。每天花一点时间练习腹式呼吸、渐进式肌肉放松、视觉引导、瑜伽或冥想都可以。

- ○ **每天要给自己安排休息时间**。休息时间不是一种奢侈的享受，充足的休息时间可以让你的一天过得更加有活力(详见第一章)。每天应该有2~3次20至30分钟的放松时间。

- ○ **保证8小时的睡眠时间**。同样，充分的睡眠时间也不是奢侈的享受。尽可能在晚上10：00或11：00就上床睡觉。如果早上可以不用早起的话，就尽情地睡到自然醒吧。

- ○ **坚持运动**。每天坚持运动20~30分钟，最好是在户外进行(详见第二章)。

- ○ **戒掉咖啡因、尼古丁、酒精**。用花草茶来替代含咖啡因的饮料。如果你血糖过低，甘草茶是很好的选择。

- ○ **坚持3个月不摄入任何糖分**。用木糖醇或甜叶菊来给食物或饮料调味。不摄入糖分意味着不吃任何白糖或红糖、蜂蜜、巧克力、糖浆和水果干。同时，还要适当减少新鲜水果的摄入。木糖醇是一种用桦树纤维制成的甜味剂，食用后血糖上升不大，而且胰岛素含量不会有变化。甜叶菊则是一种来自南美的草药，甜度比糖高很多。甜叶菊完全不含热量，而且比阿斯巴甜或糖精这一类人工甜味剂要安全得多。禁糖3个月后，可以重新少量摄入蜂蜜等天然糖分。

- ○ **坚持健康、均衡的饮食习惯**。尽可能减少摄入深加工食物以及会导致过敏的食物。要多吃全麸谷物以及新鲜蔬菜和水果。通过豆类、谷物、蛋类、有机饲养的家禽、无激素和不含抗生素的肉类及鱼类补充蛋白质。碳水化合物的摄入量不宜过大。少吃通心粉、面包、薯片、土豆、麦片、饼干、卷饼等单一碳水化合物，但每一餐都要包含脂肪、蛋白质和复合碳水化物。早上不要空腹吃水果，尽量不要喝果汁。

- ○ **如果有低血糖，要适当调整自己的饮食结构**。饭后2~3小时之后要吃一点结合蛋白质和碳水化合物的小吃（详见第三章）。

## 适用于肾上腺疲劳的营养品

有一些营养品可以缓解肾上腺疲劳症状。可以和医生交流，按时服用适量的下列营养品。

- 含有生物类黄酮的维生素 C：每天 3 次，每次 500 ~1000 毫克，随餐服用。
- 锌：每天 30 毫克。
- 吡啶甲酸铬：每天 200~400 毫克。
- P5P（pyridoxal-5-phosphate）维生素 $B_6$：每天两次，每次 50 毫克。
- 含镁的复合钙片（柠檬酸盐或天冬氨酸盐形式）：睡前服用 1000 毫克钙和 500~1000 毫克镁。
- 遍多酸：每天 1~2 次，每次 500 毫克。
- 肾上腺皮脂腺保健品：使用前要咨询医生、自然疗法医师或其他医务人员。肾上腺皮脂腺保健品可以有效缓解肾上腺疲劳，而且最好使用天然的肾上腺皮脂腺保健品。

## 念珠菌病

念珠菌病，也称为假丝酵母菌病，是由肠道或泌尿生殖道内白色念珠菌过多引起的一种疾病。一般情况下，念珠菌可以与我们体内的其他细菌保持一种平衡，但在一些特殊情况下，念珠菌会过度繁殖，使肠道内的菌群数量不断增加，并逐渐侵入全身各个组织和器官系统。很多人都得过念珠菌病，其中女性居多。

在念珠菌病初期，局部感染是最常见的症状，包括皮疹和酵母菌感染(宫颈)，其他症状还包括：

- 长期真菌感染，例如足癣、藓菌病、股癣等。
- 疲惫或精神不振。
- 抑郁或情绪波动。
- 消化系统问题，包括胀气、痉挛、长期腹泻或便秘。
- 长期焦虑或神经紧张。
- 食物过敏。
- 记忆力衰退。
- 头痛。
- 直肠瘙痒。
- 对化学药品、香水或烟味异常敏感。
- 严重的经前期综合征。
- 肌肉或关节酸痛。
- 特别想吃甜食、面包或饮酒。

念珠菌病的一个典型特点就是在摄入糖分或酒精后，

各种症状都会更加严重。各种糖类(木糖醇除外)和酒精都会为酵母菌提供养分，使其进一步蔓延。此外，潮湿的环境也会导致病情进一步恶化。如果上述症状出现了5个或5个以上，那就很有可能是感染了念珠菌；如果出现两三个上述症状的话，可以考虑咨询医生检查一下自己是不是有类似问题。

## 为什么会感染念珠菌?

以下因素会增加感染念珠菌的概率：曾频繁使用氨苄西林、阿莫西林、头孢(头孢克洛颗粒)和复方新诺明(磺胺甲恶唑、含磺胺甲恶唑-甲氧苄啶)等广谱抗菌素；服用避孕药长达一年以上；频繁或长期服用皮质酮等甾类激素；生活环境阴暗潮湿；大量摄入糖分和酒精；以及患有特定的疾病，包括糖尿病、癌症或艾滋病等。

## 念珠菌病的诊断

念珠菌病的诊断方法一共有3种。第一种是由肯尼斯·克鲁克(Kenneth Crook)在其著作《酵母菌的影响》(*The Yeast Connection*)中所设计的那一类诊断问卷。此外，医生还可以通过抽血检测血液中念球菌抗体［免疫球蛋白 G（IgG）、免疫球蛋白 M（IgM）和免疫球蛋白 A（IgA）］的数量。IgG 抗体增多就代表肠体内假丝酵母菌的数量已经激增并严重超标；IgM 抗体增多代表假丝酵母菌已经不止影响肠道，而是扩散到了身体的其他系统。而 IgA 抗体增多则代表假丝酵母菌已经影响到了黏膜，包括阴道念珠菌感染。此外，如果在大便检验中，发现酵母菌数量很高，也可以诊断为念珠菌病。不过，有时候即使很多症状都表明念珠菌感染，大便检验可能还是会得出阴性的结果。

## 从念珠菌病恢复健康

摆脱慢性念珠菌病是一个长期的过程，总共需要以下 3 个步骤。

第一，在最开始的 3 个月里，要避免食用任何为假丝酵母菌提供养分的食物，包括除木糖醇和甜叶菊以外的所有糖类：蔗糖、果糖、葡萄糖、麦芽糖、半乳糖、水果干以及果汁（木糖醇和甜叶菊不会加剧念珠菌病的症状）。此外，还要避免摄入酒精、酵母、发酵食品（包括面包），这些食物也会让念珠菌病更加严重。3 个月之后，就可以开始恢复少量摄入上述食物，详见下文"念珠菌感染期间的饮食结构"介绍。

第二，服用抗真菌药物也是常规的治疗方法，包括制霉菌素或仁山利舒(酮康唑)，医生通常会让你连续使用这类药物长达几个月。目前，针对这些药物的使用还存在一些争议。临床医师一般都倾向于让患者大量使用药物，而自然疗法医师和替代疗法医师则较少或完全不建议患者用药。使用制霉菌素会带来的一个问题就是：它只能消灭肠道内的假丝酵母菌，无法直接干预器官系统中真菌的繁殖。此外，如果长期使用制霉菌素，假丝酵母菌也会发生变异并产生耐药性。有些医生会用辛酸替代制霉菌素，因为辛酸可以通过肠道被人体吸收，所以对器官系统中的真菌有更好的干预效果。此外，很多医生也会选择使用北美黄莲或西柚籽的提取物，这些植物中都含有可以抵抗念珠菌的黄连素，部分人也会在治疗过程中饮用具有抗菌杀毒作用的斑叶种花茶。服用复合维生素、复合微量元素、维生素 C、维生素 E 以及锌片可以增加脂肪酸的摄入，从而缓解病症。你可以与医生讨论一下这些选择，并且，要记住，这些药物或营养品要结合正确的饮食结构才能够发挥最大的效果。

最后，由于念珠菌会导致肠道中健康菌群的数量减少，所以患者还需要补充嗜酸乳杆菌和双叉乳酸杆菌等菌落来恢复肠道内的健康菌群环境。服用益生菌补充剂是很常见的恢复方法，你也可以和医生讨论其他的一些有效措施。最后一个步骤坚持3个月之后，就可以重新做一次检查，看看自己体内念珠菌的数量是否已经恢复到了正常水平。

## 念珠菌感染期间的饮食结构

遵循下面这些饮食原则可以帮助你更快地摆脱念珠菌病的困扰，要根据实际情况进行调整，以适应自己的生活方式。不过总的来说，这些都是很有效的做法。

应当避免摄入的食物包括：

- 牛奶和其他奶制品；
- 甜食及各种形式的糖，木糖醇和甜叶菊除外；
- 酒精；
- 水果和果汁(可以少量吃一点葡萄柚)；
- 蜂蜜、糖浆、人造甜味剂；
- 巧克力；
- 含有酵母的食物，包括所有经过发酵制成的面包；
- 成熟干酪；
- 花生酱；
- 烟熏或加工过的坚果；
- 醋；
- 蘑菇；

• 胡萝卜汁；

• 花生；

• 避免大量食用淀粉类的食物，例如通心粉、薯片或土豆；

• 剩菜剩饭（冷冻保存的除外）。

而日常饮食中应当包含以下食物：

• 鸡肉或鱼肉；

• 新鲜蔬菜和煮熟的蔬菜；

• 适量谷物（全麸米饭比面食更为合适）；

• 蛋类；

• 豆类；

• 柠檬或油类沙拉汁（不要加醋）；

• 生坚果；

• 不含酵母的面包（大多数健康食品店都可以买到）；

• 鲜奶酪（蒙特里杰克乳酪等）；

• 大蒜；

• 肠溶挥发性制油（例如牛至油）。

由于需要严格控制饮食，有些人说念珠菌感染期间的饮食原则就是“干脆别吃了”。如果你本身有大量吃甜食的习惯，那可能在开始控制饮食后一周左右的时间里，的确会有这样的想法。不过，几周之后，你就会发现没有糖的食物其实也很美味，对于糖的渴求也会慢慢消失。

如果你能像很多人那样，成功恢复健康的话，就会发现自己的精力变得更加充沛，抑郁的情况得到缓解，胃肠道问题有所减少，而且整个人也更有活力。这一切都会让你觉得自己在饮食上所付出的努力是值得的。

## 体内毒素

体内过量的毒素可能不会直接加重焦虑症状，但会导致身体负担过重，并使得焦虑障碍对身体造成更大的影响。体内毒素通常会加剧过敏反应和对化学物质的敏感度，从而让焦虑更加严重。导致毒素在体内积聚的因素包括食物表面残余的化学物质、上瘾物质以及农药；人体暴露在受污染的水和空气中；人体暴露在室内使用的一些物质当中，包括家用清洁剂、除臭剂、美发喷雾、化妆品甚至是地毯(地毯会释放含有有害化学物质的气体)；使用处方药物；自身新陈代谢废物的累积，在压力较大的时候，新陈代谢产生的废物也会比其他时候要多很多。

如果体内毒素积累过多的话，就可能经常出现以下症状：

- 疲惫乏力；
- 关节或肌肉酸痛；

- 头痛；
- “脑雾” 或精神错乱；
- 敏感易怒、情绪易变；
- 失眠；
- 对环境中的化学物质非常敏感；
- 抑郁或易怒；
- 舌苔严重或体味异常；
- 黏液增多（咳嗽或打喷嚏）；
- 过敏反应；
- 鼻窦或呼吸道出现问题。

肝脏和直肠是受毒素累积影响最为严重的两个器官。除了大脑和心脏之外，肝脏可以算是最重要的器官，它相当于人体新陈代谢的“工厂”，对人体的健康运转有着非常重要的作用，包括：

- 过滤血液中的有害物质；
- 分泌胆汁，这是消化脂肪必不可少的过程；
- 从血管的营养物质中提取和储存维生素（维生素A、维生素D、维生素E）；
- 用氨基酸和糖分合成脂肪酸；
- 完成脂肪的氧化过程，释放能量；
- 以糖原的形式储存糖分，在血糖过低时可以维持身体的正常运转；

● 消除消化副产物的毒性（例如在消化蛋白质的过程中产生的氨）；

● 消除新陈代谢废物以及接触到的所有化学物质和异物的毒性。

接触毒素、服用一些特定的药物、不健康的饮食结构以及暴饮暴食都会导致脂肪沉淀物在肝脏中的堆积，并影响肝脏功能。经常大量饮酒也会伤肝，最终导致肝硬化。长期暴饮暴食会加重肝脏的负担，并使其在一段时间后出现功能障碍，特别是如果大量食用添加防腐剂和其他食品添加剂的食物，情况会更加严重。油炸食品和含有反式脂肪的深加工食品对肝脏也会造成伤害。

## 改变生活方式来减少体内毒素

通过一些生活方式和饮食习惯的调整，可以在很大程度上减少体内积累的毒素。

● ○ **避免食用含有防腐剂和其他食品添加剂的食物**。尽可能多吃未经深加工的天然食物，每天最好能吃 5 种新鲜蔬菜和水果。

● ○ **减少或消除咖啡因、糖分、尼古丁以及酒精的摄入**。这些物质会对身体造成不同程度的伤害，还会将有毒的物质留在身体当中。

- ○ **减少药物的使用**。只服用医生开出的药物。

- ○ **少吃动物蛋白（特别是红肉），多吃植物蛋白（豆腐、丹贝[①]和其他豆制品）**。经过新陈代谢后，动物蛋白会产生有毒的副产品，尤其是在消化不完全的情况下。

- ○ **喝纯净水或过滤后的水**。每天喝8杯（8盎司）纯净水可以让肾脏更好地完成排泄过程。在身体排毒的过程中，肾脏也扮演着非常重要的角色。

- ○ **大量摄入膳食纤维**。要确保摄入足够多富含膳食纤维的食物，包括全麦麦片、各种粗麸皮、大多数新鲜水果、新鲜蔬菜、坚果，还有包括青豆、扁豆、豆角等在内的各种豆类。也可以在医生的指导下服用补充膳食纤维的营养品。

- ○ **少吃酸性食物，多吃碱性的排毒食物**。少吃红肉、糖类、油炸食品、油腻的食物、奶类、蛋类、精制面粉、咸味重的食物以及会让你过敏的食物，例如面粉或奶制品。

- ○ **多吃新鲜的蔬菜水果、全麦食物、豆类以及坚果，增加饮食结构中生鲜食物的比例**。每餐生吃一些新鲜的蔬菜和水果对身体有好处。不过，要注意，食物的酸碱性要根据自身的需求和情况来调整。如果你的饮食

---

① 丹贝（Tempeh）：印尼的一种发酵大豆食品。

结构中一直含有大量对身体不好的食物，那就要逐步做出改变。每周挑一天来重点改善自己的饮食。

- ○**坚持有规律、适量的体育运动**。体育运动可以通过排汗来帮助身体排毒，还有助于消化，同时对肾脏和淋巴系统的健康非常有利。

- ○**与医生讨论抗氧化药物的使用**。包括维生素 C、维生素 E、β-胡萝卜素、硒、锌、硫辛酸、辅酶 $Q_{10}$ 以及半胱氨酸、甲硫氨酸、甘氨酸等氨基酸及谷胱甘肽。

- ○**尝试各种可以帮助排毒的草本药物**。如果想通过草本药物来排毒的话，一定要先咨询推崇自然疗法的医生或草药学专家。奶蓟草、蒲公英根、牛蒡、辣椒、生姜、甘草、松果菊以及北美黄连是大家普遍认为排毒效果比较好的几种草药。高效复合维生素和矿物质营养品有助于缓解重金属中毒，并减轻肝脏负担。

- ○**肠道排毒**。可以考虑选用一些含有皂土、番泻叶或鼠李皮的天然轻泻药。在大多数健康食品店都能买到的洋车前子壳也有清洁肠道的作用。一定要在医生的指导下选择最适合自己的药物。而且，即使是天然的轻泻药也会让你的身体形成习惯，所以不能经常使用。有些人认为在专业人士的帮助下进行的灌洗结肠很有帮助，也就是通过专业的设备，用水冲洗结肠内部。

- ○**肝脏排毒**。多吃对肝脏有好处的食物，保护肝脏的健康。十字花科的蔬菜，包括卷心菜、西蓝花和芽甘蓝，以及含硫量比较高的食物，例如大蒜、洋葱、蛋类和豆类等都有保护肝脏的作用。蒲公英根、牛蒡和奶蓟草等草药也常用于肝脏排毒。

## 重金属中毒

汞、铅、铝等重金属在体内会危害身体健康。然而由于现代的工业污染和其他原因，人们时常会暴露在重金属超标的环境当中，而这会导致一系列身体上的症状。问题的严重性取决于金属的种类、人的年龄、重金属元素的量以及是否存在能够减少吸收并缓解长期影响的保护措施。只需要在医生或其他医务人员的帮助下做一个简单的毛发分析，就能知道你是否出现重金属中毒。在做毛发分析时，医务人员会将你的少量毛发作为样本送到实验室，那里的工作人员会检查其中是否有汞、铅、镉、镍或铝等重金属超标，以及有没有缺乏钙、镁、锌及锰等身体必需矿物质的情况。

## 汞中毒

汞是毒性最强的重金属之一，其毒性会随着剂量的累积不断增加，除了对身体造成伤害之外，还会损伤大脑。人体内汞元素的两大来源分别是补牙材料和食用一些特定鱼类。

很多所谓的镀银补牙材料其实含有50%以上的汞元素。这些材料在老化之后就可能会释放出水银气体，与口腔中的化学物质结合之后可以形成少量的有毒化合物甲基汞，并通过口腔直接被身体所吸收。

几乎所有的鱼类都含有微量汞元素，但是鲨鱼、剑鱼、枪鱼和大型金枪鱼等体型较大的食肉鱼类则会由于捕食大量小鱼，导致体内积累的汞元素相对较多。如果经常食用大型海鱼或淡水鱼(每周2~3次以上)，就可能会摄入过多的汞元素。其他体内汞元素的来源还包括柔顺剂、印刷或纹身使用的油墨、一些特殊染料、抛光剂、溶剂以及木材防腐剂。

汞中毒的症状包括疲劳乏力、敏感易怒、失眠、记忆力衰退、意识模糊、焦虑、抑郁、肌肉无力、免疫力下降等。严重情况下，汞中毒还会导致麻痹、刺痛以及类似多发性硬化的症状。

## 铅中毒

铅是现代社会中极常见的一种金属，其毒性非常大。

与汞一样，铅也会在体内积累，而且很难排除体外。铅会影响诸多酶的功能，而且如果摄入量过大，还会伤害肾脏、肝脏、心脏以及神经系统。儿童的铅吸收率高达42%~53%，约为成人的5倍，因此更容易出现铅中毒。此外，缺钙的人铅中毒的概率也更大。

人体内铅元素的来源包括含铅的颜料、陶瓷的釉面、含铅汽油、汽车里的铅酸蓄电池、香烟、部分酒类以及装在铅焊接罐里的蔬菜和水果。用铅管供水也会带来严重的问题（1930年以前，大多住户家的水管都是铅管），而近年来常用的铜管也大多是用铅来焊接的，含铅量高达50%。所以最好还是在家里装一个能够过滤掉铅元素的净水器。生活在城市中的儿童铅中毒的概率很高，因为他们会吸入大量的汽车尾气，也可能会误食含铅颜料的剥落墙皮。每年美国约有200名儿童死于铅中毒，800名儿童因铅中毒而出现永久性大脑损伤。

铅中毒的一般症状包括疲劳乏力、敏感易怒、神志不清、食欲不振、体重下降、震颤、癫痫以及眩晕等。儿童铅中毒的症状则包括骨发育不良、学习障碍、肌肉无力以及肠胃绞痛等。

## 铝中毒

铝不属于重金属，但其在体内，特别是在大脑内积累的量达到一定程度时也会导致中毒。铝中毒的症状与阿尔兹海默病的症状类似。除了影响大脑之外，体内的铝元素过多也会对肾脏造成伤害。

近年来，最常见的铝中毒的原因就是过量使用含有氢氧化铝的制酸剂，所以，我们强烈推荐使用不含氢氧化铝的制酸剂。其他人体内铝元素的来源还包括铝制厨具和餐具、各种含有铝的日常用品（例如止汗剂和发酵粉）以及经过硫酸铝处理的城市供水。

铝中毒的症状包括极度紧张、头痛、记忆力衰退、肌肉无力、胃肠道紊乱、贫血、肝肾功能紊乱以及软骨病。

## 汞、铅和铝中毒的治疗

如果体内的汞含量只是稍微比正常水平高一点，那么硫辛酸、n-乙酰半胱氨酸及卵磷脂等营养品就可以有效缓解中毒症状。除此之外，治疗汞中毒和铅中毒的主要疗法就是使用 DMSA（二巯基丁二酸）的螯合疗法，

DMSA可以在体内与汞和铅结合并通过尿液和粪便将其排出体外。DMSA一般是口服药物（药片），螯合治疗一定要在医生或专业的医务人员的指导下进行。治疗开始后，首先要连续2~3天服用200~1200毫克的DMSA药物，随后的两周就是洗脱期，这一过程需要不断重复，直至体内的铅或汞的含量回落到正常范围。汞中毒的患者可以服用n-乙酰半胱氨酸或甲硫氨酸等氨基酸、小球藻（一种被证明可以帮助消除体内重金属的绿藻）或新鲜的芫荽叶来辅助治疗，同时也要多吃天然食物，并大量饮用经过净化的水。适用于铅中毒患者的营养补充品包括苹果果胶、紫花苜蓿、海藻和大蒜。螯合治疗持续时间大约为1~3个月，治疗结束后，还可通过毛发分析来重新检验体内汞和铅的含量。

螯合治疗也可用于治疗铝中毒，但也有医生认为该疗法对于铝中毒的疗效不是很好，建议使用其他方法来消除体内的铝元素。有需要的话，可以咨询医生，并与他们讨论最新的治疗方法。

多数医生都会建议在开始螯合治疗前，先用复合填料代替银汞合金制成的牙齿填料。如果含汞的填料是导致水银中毒的元凶，那么在进行治疗前先把它换掉也是很有必要的。很多地方都有专门的牙医，他们可以巧妙地将含汞填料替换出来，并将未来摄入汞的风险降到最低。有需要的话，可以向全科医生或自然疗法医师咨询，请他们推荐熟练运用这项技术的牙医。

## 经前期综合征

很多女性在月经前几天或一周的时间里都会出现经前期综合征（PMS），包括一系列身体和心理不适症状。常见的生理症状包括水肿、乳房酸痛、浮肿、痤疮、头痛、饥饿感增强以及嗜甜。常见的心理症状则包括抑郁、敏感易怒、紧张焦虑、情绪波动、注意力涣散、记忆力下降、疲惫乏力甚至会感觉“精神失常”。除了上述生理反应之外，超过一半的女性都会在经前期比平时更加焦虑、抑郁、敏感。经前期综合征期间也常出现惊恐反应，如果月经前惊恐发作更加频繁或更加严重，那么缓解 PMS 的方法也有助于减少惊恐发作。

多数关于 PMS 的医学理论认为，在月经周期的后期，女性体内的雌性激素和黄体酮的水平会有所变化，在这 14 天里，黄体酮的分泌减少而雌激素的分泌会有微量的增加。这种比例失衡会导致身体浮肿以及其他 PMS 症状。

其他关于 PMS 理论则认为，由于饮食不当和环境中的大量污染物，人体内会积累一些毒素，在月经期间，这些毒素就随月经排出体外。所以，经前期身体的一系列症状其实是毒素对身体造成的影响。也就是说，通过调整饮食结构，减少和有害物质的接触，就可以在一定程度上缓解 PMS 的症状。

这两种理论都有一定的道理。调整饮食结构可以缓解 PMS 的症状，服用可以促进黄体酮分泌的维生素、微量元素或一些中草药，PMS 的症状也会得到改善。服用这些营养品(或药物）之前，应该先向经验丰富的专业医师、营养学家或中医进行咨询。

## 有助于缓解 PMS 的食谱

尽量少吃或不吃以下食物：

• 含糖或单一碳水化合物过高的食物(面包、薯片、通心粉等)。在 PMS 症状出现前一周，特别注意不要吃巧克力等甜食。

• 重口味的高盐食物。这样可以缓解水肿的情况。

• 含脂肪量过高的食物。

• 含咖啡因的饮品，包括咖啡、茶、可乐。因为咖啡因可能会导致乳房胀痛。

• 酒精。

此外，还要多吃新鲜的蔬菜和水果、全麦面包和麦片、豆类、放养的家禽以及鱼类。

## 针对经前期综合征的营养品

以下维生素和微量元素有助于缓解 PMS 的相关症状。

●○**含钙和镁的高效复合维生素 B（钙镁比例为 1000 毫克：500 毫克）**。钙和镁可以有效缓解经期痉挛。

●○**维生素 $B_6$**。经期开始前一周服用，推荐剂量为每天 200 毫克。但是每月大量服用此剂量维生素 $B_6$ 的时间不应超过一周。

●○**必需的脂肪酸**。鱼油中含有 EPA（人体必需的脂肪酸）和 DHA 欧米伽 3 脂肪酸，也是人体必需脂肪酸的一个重要来源。可以每天以鱼油胶囊的形式摄入 500~2000 毫克 EPA 和 DHA 脂肪酸。亚麻油或亚麻粉可以作为鱼油的替代品，因为它们可以为人体提供来自植物的欧米伽 3 脂肪酸，但其 EPA 和 DHA 的转化率远远比不上鱼油。GLA① 是对人体非常重要的一种特殊欧米伽 6 脂肪酸，而琉璃苣油、黑加仑籽油、月见草油都是 GLA 的重要来源。这类营养品每天可以摄入 300~900 毫克。

●○**天然黄体酮**：一些非处方护肤品含有天然黄体酮。常见的使用剂量是每个月 1 盎司，约合每天 1/4 茶

① GLA：γ-亚麻酸。

匙，但在经期前7天不要使用。在首次使用黄体酮前，请咨询擅长治疗PMS的专业医师。

• ○**色氨酸**：以5-HTP或L-色氨酸的形式摄入（详见第六章）。至少在出现症状的当天服用一次。PMS的症状常与血清素活动减弱有关，色氨酸可以提高人体内血清素的水平。

## 有利于缓解经前期综合征症状的草本药物

以下草药有助于缓解PMS的生理和心理症状：

• 当归。当归可以让人精神焕发，并在PMS期间维持情绪稳定，以胶囊的形式服用（按说明服用适当的剂量）或泡水喝均可。

• 生姜或甘草。

• 迷迭香、铁夹皮、卡瓦可以有效缓解痉挛（详见第六章中关于卡瓦的说明）。

• 功夫茶：功夫茶可以让人精力充沛并保护免疫系统。很多女性表示饮茶后身体会舒服很多。

## 坚持运动

还有一点非常重要：规律的体育运动可以加速新陈

代谢，同时缓解压力。如果无法进行激烈运动，每天至少步行一英里也会很有帮助。更多关于体育运动的内容见第二章。

## 季节性情绪失调

在四季转换之际，你是否会出现以下症状？

- 与平时相比精神不振。
- 即使睡眠时间更长，早上起床的时候还是感觉很累。
- 情绪波动较大，焦虑、敏感易怒、悲伤、抑郁的感受出现得更加频繁。
- 创造力和工作效率下降。
- 感觉很难控制自己的食欲或体重。
- 记忆力衰退，注意力不集中。
- 不愿意参加社交活动。
- 难以应对压力。
- 对未来失去兴趣，感到生活乏味。

如果出现了两个或两个以上上述症状，说明你可能和很多人一样出现了季节性情绪失调，或这种障碍的较轻形式——周期性情感障碍亚综合征。季节性情绪失调是一种周期性抑郁症，一般出现在冬季，特别是 11 月至次年 3 月间，其发病原因可能是光照不足。在秋季，太阳直射角发生改变，昼长随之变短，而季节性情绪失调的症状也会在此时逐渐出现。约有 20%的美国成年人，也就是 360 万人会受到季节性情绪失调和周期性情感障碍亚综合征的困扰。此外，居住地的纬度越高，就越容易出现季节性情绪失调。

## 焦虑与季节性情绪失调

很多患有焦虑障碍的人都发现，在晚秋和冬季，病情经常会加重，惊恐发作更加频繁，广泛性焦虑也会与抑郁一同加剧。这一点其实并不难想见，因为大脑中控制抑郁的去甲肾上腺素能系统和血清素系统，在焦虑出现时也起到很重要的作用，特别是惊恐发作、广泛性焦虑障碍和强迫性精神障碍。这些系统的生化失衡到了一个极端会导致抑郁，而在另一个极端则会导致焦虑恶化。而对大部分人来说，抑郁和焦虑这两者一般都是同时出现的，而且在冬季都会恶化。

造成季节性情绪失调的原因是缺乏光照，无论其表现形式是焦虑还是抑郁。除了冬季室外太阳光照时间减少之外，还包括在家或工作期间，在缺乏光照的室内停留时间过长。即使在夏天，也有一些办公室没有窗户的人会出现季节性情绪失调。而对更为敏感的人来说，只要连续数日阴天，一年中的任何时候都可能会出现季节性情绪失调。

过去人们曾认为，季节性情绪失调是由大脑中一种叫作褪黑素的激素抑制不足造成的。褪黑素是大脑中的松果体在天黑后几小时内分泌的一种激素，大脑通过这种机制来告诉你什么时候该去睡觉。而早上太阳升起之后，褪黑素的分泌就会被抑制，你也就知道该起床了。然而，尽管这种说法已经流行了很多年，但还没有系统的研究能够证明褪黑素的抑制不足会导致季节性情绪失调。这方面的研究成果并没有能够达成一致，科学家们也在着手研究其他会导致季节性情绪失调的原因。目前，最为业内人士所关注的假设就是：光照不足会导致大脑中血清素的水平降低。诺曼·罗森塔尔（Norman Rosenthal）（1993）是这一领域的顶尖科研人员，他认为，如果非常敏感的人处于光照很少的环境当中，例如冬天，那他们的大脑所分泌的血清素就会远低于正常水平。罗森塔尔和其他研究人员认为，较低的血清素水平就是导致季节性情绪失调的原因。

血清素的缺乏与抑郁和焦虑症状的出现密切相关，这也是为什么像百忧解（盐酸氟西汀）、左洛复（盐酸舍曲林）、帕罗西汀等阻断大脑中血清素再吸收的药物可以缓解抑郁和焦虑的症状。但是，为什么光照减弱会影响血清素的作用？又为什么只有一部分人会受到影响呢？关于前一个问题，至今我们还没找到明确的答案；而针对第二个问题，有证据表明，与其他人相比，易受季节性情绪失调影响的人在神经层面上，接收和处理光照的能力会相对较弱。

在冬季，患有季节性情绪失调的人常会偏爱甜食和碳水类食物，而摄入碳水过多则会导致大脑中色氨酸（来自蛋白质类食物的重要氨基酸）积累量增加。色氨酸进入大脑后会转化成为血清素，对心理健康起到重要作用。而摄入甜食或碳水类食物则让色氨酸比其他氨基酸更容易进入大脑。所以，如果在冬季的时候，你特别想吃甜食或淀粉类食物，那可能就是你的身体想要提高大脑中血清素的水平了。

## 光照疗法与季节性情绪失调

缓解季节性情绪失调症状最有效的手段是光照疗法。从理论上来说，冬天只要能在室外多待一些时间，季节性情绪失调的症状就可以得到有效缓解。然而，除非你是滑雪教练或操作扫雪机的工作人员，否则没有谁真的能做到这一点。光照疗法就是在室内用一个或多个特殊的照明设备，帮助患者人为增加光照时间。对于那些对光线非常敏感的人来说，把室内的灯光调亮一点或换上更亮一点的灯泡，他们的症状就能有所好转。不过大部分患有季节性情绪失调的人则需要更强一些的光线——大概是一般家用照明设备亮度的4倍。

光照箱常被用于缓解季节性情绪失调。光照箱是一组放在箱子里的荧光灯泡，上面盖有塑料膜用于散射灯光。这种光照箱的光照强度一般在2500~10000勒克斯（lx）之间——显著高于常见的室内照明设备（约为200~1000勒克斯）。光照治疗一般是早上在距离光照箱2~3英里的地方坐0.5~2小时。治疗过程中一般不建议也不需要直视灯光，所以在治疗期间完全可以看书、写作、吃东西，做什么都可以。每天接受光照的时长因人而异，所以患者也需要进行尝试，根据自己的实际情况接受治疗。

光照治疗中会用到的其他设备还包括黎明模拟器和光照帽檐。黎明模拟器可以在卧室里营造出天亮的感觉，也就是说可以从早上6点开始亮起微弱的灯光并逐渐加强，直到7点的时候灯光完全亮起。光照帽檐是一款可以戴在头上的轻型光照设备，与光照箱相比，光照帽檐可以随身携带，使用起来更加方便。

只要操作得当，光照治疗的疗效是非常好的。在实验研究过程中，75%～80%的季节性情绪失调患者都表示，有规律的治疗可以在一周内帮助他们缓解有关症状（罗森塔尔，1993）。在开始光照治疗前，一定要先向对光照治疗及其应用非常熟悉的医生或医务人员进行咨询。光照治疗的设备无需处方就可以购买到，但在医师指导下进行治疗会有更好的效果，同时也可以在很大程度上避免一些可能出现的副作用，包括头痛、眼疲劳、敏感易怒、失眠。更多有关季节性情绪失调及光照治疗的内容，请参阅书后所附相关资料。

## 应对季节性情绪失调

美国全国季节性情绪失调组织（NOSAD）提供了以下建议：

- 与医生讨论相关症状。精神病医生可能会诊断你患有季节性情绪失调或周期性情感障碍亚综合征，建议你通过光照治疗来缓解有关症状。色氨酸或连翘叶等可以促进血清素的营养品（详见第六章）也可以缓解部分患者的症状。

- 如果真正诊断出患有季节性情绪失调或周期性情感障碍亚综合征，并且医生已经建议采取光照疗法，那么一定不要因为自己感觉有所好转，就自行停止治疗或缩短治疗时间，因为这样可能会导致病情复发。如果想要调整治疗时间和治疗期间的光照强度，可以在和医生讨论过病情之后再做出改变。

●保证生活环境的光线明亮，冬季要避免白天在光线昏暗的地方活动。

●坚持每天锻炼可以有效缓解冬季的抑郁症状，可以晒太阳的户外活动尤佳。

●如果天气太冷，无法在室外运动，室内运动也会很有帮助。每天尽可能多在朝南的房间里活动。

●重新安排一下在家里和单位的工作位置，尽量靠近窗户，或者在旁边装上亮度足够高的灯。

●作息时间要有规律。很多患有季节性情绪失调的人都表示，与经常变换的作息时间相比，按照固定的时间睡觉和起床时，头脑会更加清醒，疲惫感也会相对较弱。

●当室外温度过低时，要注意保暖。很多患有季节性情绪失调的人都感觉对低温格外敏感。

●在白天或傍晚安排和家人聚会或其他社交活动。不要熬夜，因为熬夜会干扰有规律的作息时间，打乱生物钟。

●通过合理分配时间来让自己保持精力充沛，尽量减少或避免给自己压力。

- 在卧室里放一个可以亮光的定时器，或者设定黎明模拟器让其在你起床前半个小时就开始发光。很多患有季节性情绪失调的人都表示，这样做可以缓解抑郁，让起床变得没有那么困难。
- 尽量等到春天或夏天再做重大决定。
- 通过与别人分享有关季节性情绪失调的经验，从而获得别人的理解和支持。
- 如果可能的话，冬季尽量去一些阳光灿烂的地方度假。

## 维生素或微量元素缺乏

钙和镁可以帮助调节大脑和骨骼肌的神经冲动。由于饮食或吸收问题导致的钙和镁缺乏会引起慢性肌肉紧张和痉挛，并加剧焦虑的症状。前文讨论重金属中毒时提到过的毛发检查，就可以很方便地查出这两种微量元素缺乏的情况(锌和锰等其他重要的微量元素也可以通过这种方式检测出来)。即使没有去做检查，也建议每天服用钙(1000~1500 毫克) 和镁(500~1000 毫克) 补充剂，这样有助于放松和睡眠。很多药品生产商都将这两种元素结合起来做成复合药片。

维生素 B 对于保持神经系统的健康也非常重要。在下一章我们会讲到，每天最好吃1~2粒维生素B-50复合胶囊，特别是在压力比较大的时候。有两种B族维生素的效果更加明显。维生素$B_3$，即烟酸，在大脑中的作用与苯二氮平类药物类似，可以起到镇静的作用（拉尔森，1999）。很多人都表示每天服用500~1000毫克的维生素$B_3$可以起到镇静舒缓的作用，而且与烟酸相比，烟酰胺形式的维生素$B_3$更适合日常服用，因为烟酸可能会导致面色潮红或有刺痛感。如果服用烟酰胺或烟酸之后出现恶心想吐的症状，可停药一天，然后将剂量减半。压力可能会导致维生素$B_5$（泛酸）缺乏的情况。每天补充500~1000毫克的泛酸可以保护肾上腺，加强抗压能力，并缓解各类过敏症状。

## 皮鲁罗亚病

20%~40%患有焦虑症的人体内一组被称为隐吡咯的化学物质会增多，这种物质是在合成血红蛋白的过程中产生的废物（拉尔森，1999）。这种情况就叫作皮鲁罗亚病，会导致人体内缺乏维生素$B_6$和锌元素，从而引发包括焦虑在内的一系列问题。皮鲁罗亚病的症状包括皮肤苍白、对光照敏感、指甲上出现白斑（缺锌造成的症状）、抑郁、焦虑、疲惫。

联系医生进行隐吡咯的检查就可以查出自己是否患有皮鲁罗亚病(详见后文全面体检部分的内容)。要想缓解这种病症，需要大量服用维生素 $B_6$(每天两次，每次 200 毫克）和锌(每天两次，每次 25 毫克)，此外，还可以每天服用镁(500 毫克)、葡萄糖酸锰(10~20 克)、5-磷酸吡哆醛(50~100 毫克)、烟酰胺(500 毫克)。由于锰和锌会争夺吸收量，所以最好在不同的时间分别服用。在医生的指导下坚持用药 1 个月，或直至症状有所缓解。

## 组胺失衡

组胺是大脑里的一种化学物质，主要功能是刺激和调解包括血清素、去甲肾上腺素和多巴胺在内的神经递质的释放。大脑中组胺水平过低时，多巴胺的水平就会提高，导致敏感和疲惫等症状，严重时甚至会出现偏执等思维障碍。相反，大脑中组胺的水平过高与强迫症有着密切的关系。有一项研究发现(法伊弗，1975)，组胺过高的患者在将组胺降低至正常水平后，其强迫性想法和行为都有显著下降。尽管不是所有患有强迫症的人都有组胺过高的问题，但如果确实有强迫症，则可以请医生帮你抽血做组胺水平的检查。

如果组胺过高，可以空腹服用一种名为甲硫氨酸的氨基酸(每天2000毫克，分次服用)。钙镁复合片(1000毫克钙和500毫克镁）可以帮助甲硫氨酸更好地发挥作用。坚持用药1个月，随后将甲硫氨酸的剂量减少为每天100毫克(甲硫氨酸也是一种很好的抗氧化剂)。

而如果组胺水平过低，则可以每天服用一种名为组氨酸的氨基酸500~1500毫克(组氨酸脱羧基生成组胺)。由于组氨酸可以与锌结合，所以一定要同时服用锌元素(每天25~50毫克)。其他有助于提高组胺水平的药物包括维生素$B_{12}$(每天500~1000微克）和叶酸(每天800~1600微克)。应在医生的指导下服用组氨酸2~3周，随后停药。更多有关组胺失衡的诊断和治疗的内容，请参阅法伊弗(Pfeiffer）与拉尔森的著作。

# 第六章

# 缓解焦虑的天然营养品

一些营养品可以在一定程度上缓解焦虑。在本章，我们将介绍一些最为常见的缓解焦虑和压力的营养品，包括草药、维生素、氨基酸和激素。其中很多种营养品在近几年都很受欢迎，各地的药店或健康食品商店都可以买到。

本章谈到的诸多营养品当中，有一些历史悠久，现在也在美国和欧洲大规模流行。你可能听说过连翘这种草药，也知道补钙可以有镇静的作用。而且近年来，关于伽马氨基丁酸(GABA)这种可以缓解压力的氨基酸的宣传也非常普遍。

但是，一定要记住很重要的一点，那就是尽管本章提到的营养品都是无需处方就可以买到的，但它们其实和药物类似(维生素除外)，而只要是药物，就会有一些副作用。有些营养品可能会加剧已有症状；有些则可能会与处方药相互作用，引起危险的副作用；还有一些自身就会导致一些副作用的出现。例如腺苷甲硫氨酸(SAM-e)会加剧双向情感障碍患者的躁狂症状，而连翘不能与含有单胺氧化酶抑制剂的抗抑郁药物同时服用。

所以，我们建议在服用任何草药、氨基酸或激素类营养品之前都要先与医生进行沟通，而且最好是咨询那些对传统治疗方法与补充药物都很熟悉的医生，并且他监督你的治疗。一定要告诉医生你以前有过的健康问题、现在正在服用的药物，以及你在考虑使用的营养品的种类和剂量。在讨论每一种营养品的时候，文中都会指出一些与其相关的常见副作用及安全措施，但是这些只是一般性的预防原则，而每位患者作为独立个体，都有各自的特殊情况需要考虑。如果你的医生对营养品的副作用以及营养品与其他药物的相互作用不是很了解，你也可以去药店或找一位全科医师进行咨询。

在服用下文中提到的天然抗抑郁或助放松的营养品时，建议每次只针对一种进行尝试，这样可以更好地了解这种营养品的作用和效果。同时使用两种以上营养品（例如同时服用连翘、色氨酸、酪氨酸和腺苷甲硫氨酸）一般不会有什么危险，但我们还是建议你向专业医师或医务人员进行咨询后再行服用。

## 草药

草药一般比处方药见效稍慢一些。如果你已经习惯了阿普唑仑这种可以快速起效并且效果显著的药物，那可能在服用像缬草这类草药的时候就需要格外耐心，因为它们见效稍慢而且效果比较温和。很多情况下，草药与百忧解这类一般药物的效果差不多，但副作用却要少很多。有一些天然的草药可以用于缓解焦虑，其中卡瓦胡椒和缬草应该用得最多，也最为人们所熟知的两种。其他具有放松效果的草药还包括西番莲、黄岑、啤酒花、雷公根、甘菊。连翘对部分人可以起到缓解焦虑的作用，但它的主要作用还是缓解抑郁。这些草药都是既可以单独服用，也可以结合起来一起服用的。大部分健康食品商店或药店都有下面这 3 种形式的草药出售：

- 药材，可以用来煮茶；
- 胶囊；
- 萃取液。

草药经过蒸馏处理后保存在酒精或甘油中，一般盛放在带有医药用滴管的小瓶子里。你可以分别尝试这 3 种形式的草药，找到最适合自己的一种。

## 卡瓦胡椒

卡瓦胡椒（kava）是一种近年来在美国非常流行的天然镇定剂。很多人都觉得卡瓦胡椒的放松效果与阿普唑仑等处方药物相当。波利尼西亚人服用卡瓦胡椒的历史长达几个世纪，无论是庆典仪式还是日常生活中都离不开这种草药。少量的卡瓦胡椒可以让人感觉很舒服，而大量服用则会导致困倦、乏力、肌张力下降。在德国和瑞士等欧洲国家，卡瓦胡椒曾用来治疗焦虑、烦躁、失眠［卡斯(Cass）和麦纳利（Mc Nally)，1998］。也有少量研究表明卡瓦胡椒可以减缓边缘系统，特别是杏仁体的活动——杏仁体是大脑中与焦虑密切相关的一个灰质核团。确切地说，卡瓦似乎可以加强杏仁体、海马体和延髓等大脑其他结构中伽马氨基丁酸这种神经递质的作用。然而，有关卡瓦胡椒对于神经递质的具体作用，现在还没有确切定论。

与氯硝西泮或阿普唑仑等镇静剂相比，卡瓦胡椒的一个主要优点就是不会上瘾。此外，卡瓦胡椒对记忆力的影响较小，也不会像有些镇静剂那样可能会加剧抑郁的症状，而且还有证据表明卡瓦胡椒有助于集中注意力。服用卡瓦胡椒很少会出现副作用，不过也有人在大量摄入后出现了头痛或筋疲力尽的感觉。至今为止，一些欧洲的研究表明，卡瓦胡椒可以有效治疗轻度至中度的焦虑症(惊恐发作除外)、失眠、头痛、肌肉紧张以及胃肠道痉挛，甚至还有助于缓解尿路感染(卡斯和麦纳利，1998)。

购买卡瓦胡椒时，最好能够知道产品中卡瓦内酯(有效成分）的具体比例。这个比例一般在30%~70%不等。将每粒胶囊或药片中卡瓦胡椒的重量乘以卡瓦内酯的比例，就可以知道有效剂量究竟是多少。例如，若200毫克的胶囊中含有70%的卡瓦内酯，那么其实际剂量就是140毫克。

一般在健康食品商店出售的卡瓦胶囊中含有50%~70%的卡瓦内酯。每天服用3~4次这样的胶囊，也就是大约分3~4次服用280毫克卡瓦内酯，可以起到镇静的作用。而如果一次性服用同样剂量的卡瓦内酯，则可以起到帮助睡眠的安定作用。

目前，关于长期每天服用卡瓦胡椒的效果还没有具体的定论，因此建议服用卡瓦胡椒的时间不要超过6个月。不过，如果是间歇性服用的话，则无须担心。若年龄超过65岁的人想服用卡瓦胡椒，应先从小剂量开始服用，再逐渐加量。一般来说，不建议同时服用卡瓦胡椒和镇静类药物，包括阿普唑仑或氯硝西泮。同时服用两种药物不会产生危险，但可能会导致醉酒感或神志不清。如果你正在每天服用中等到大剂量的阿普唑仑或氯硝西泮(每天超过1.5毫克)，就不必再去服用卡瓦胡椒了。怀孕及哺乳期间不宜使用卡瓦胡椒。另外，在开车或操作机械设备前也要谨慎服用。

●○**重要提示**：2002年，有一些来自欧洲几个国家的病例显示，卡瓦胡椒与严重的肝损伤有密切联系，因此，德国、意大利、英国禁止了卡瓦胡椒的销售，以待进一步调查。而在欧洲之外的其他地方则几乎没有关于此类问题的案例。而且，南太平洋的一些国家使用卡瓦胡椒的历史长达几个世纪，这些地方也没有关于类似副作用的记载。在美国，卡瓦胡椒并没有被禁止出售，但食品及药品管理局(FDA) 曾对其展开调查。

近期的研究给出了一个可能的解释。卡瓦的传统加工方法仅用到这种植物的根部，而不会用到茎和叶。《植物化学》曾刊登过一篇文章，作者克劳斯·德拉格尔(Klaus Dragull)、韦斯利·Y. 吉田（Wesley Y. Yoshida)、唐崇世（Chung-shihin）（2003）在文章中指出卡瓦胡椒的茎和叶中含有一种叫作 piper methystine 的特殊生物碱，但其根部却没有发现这种生物碱。多项试验表明，piper methystine 对肝细胞培养物有很强的破坏作用。也有很多证据证明，欧洲的一些卡瓦胡椒制品在加工过程中除了使用根之外还使用了茎和叶，这样做在很大程度上是为了降低成本，以满足那几年市场对卡瓦胡椒的极大需求。如果这种猜想得到证实，而且进一步的试验也证明 piper-methystine 确实会对肝脏造成伤害，就可以解释为什么欧洲有些品牌的卡瓦制品与肝损伤密切相关了。美国出售的大多数卡瓦制品仅由植物的根部加工而成。在本书出版之际(2004 年)，卡瓦胡椒的副作用还没有完全得到排除，所以如果服用剂量超过推荐剂量或服用时间超过 6 个月，我们还是建议你要格外谨慎。有肝脏病史的患者或正在服用有肝损伤副作用的药物的患者应避免服用卡瓦胡椒。更多有关卡瓦胡椒的内容，请参阅海拉·卡斯（Hyla Cass）和特伦斯·麦纳利（Terrence McNally）的著作《卡瓦胡椒：应对压力、焦虑、和失眠的天然植物》（*Kava: Nature's Answer to Stress, Anxiety, and Insomnia*）。

## 缬草

缬草是一种在欧洲广泛使用的植物镇静剂，近年来在美国也越来越流行。欧洲的一系列临床研究发现，缬草在缓解轻度至中度焦虑和失眠上的作用与其他镇静类药物相仿［戴维森（Davidson）和康纳（Connor），2000］，但缬草的副作用更小而且不会成瘾。

缬草不会像处方类镇静剂那样损伤记忆力并导致注意力不集中，也不会让人感到困倦。如果用于辅助睡眠，缬草通常不会导致次日出现“宿醉感”，不过也有极少数人表示有过类似的经历。总的来说，缬草适用于轻度至中度的焦虑症，但是对于更加严重的病情，可能效果就没有那么好了。

缬草（Valeriana Officinalis）中含有精油、环烯醚萜、生物碱，这些成分单独使用都没有镇静的效果，所以其功效是多种成分协同作用的结果，因此也很难将这种植物中的某一种成分分离出来并通过人工合成的方式来批量生产。

缬草有助于睡眠。多项研究表明缬草可以减少入睡时间，提高睡眠质量。如果你试着通过服用缬草来帮助睡眠，却发现没什么效果的话，也不要轻易放弃，部分实验表明，要想让缬草发挥最大的助睡眠或抗焦虑效果，需要有规律服用缬草至少 2~3 周。

在健康食品商店出售的缬草一般有 3 种形式——胶囊、提取液或茶饮。如果用于缓解焦虑或失眠，可以分别尝试一下这 3 种形式的缬草，并选出最适合自己的一种；同时，要按照包装上的说明进行服用。胶囊服用起来最方便，但有人认为提取液或茶饮的效果更好。人们经常会将缬草和其他有放松作用的草药一同服用，包括西番莲、黄芩、啤酒花或甘菊，因为这样口味和效果更好一些。

治疗焦虑的有效缬草剂量为每天 200~400 毫克，治疗夜间失眠的有效剂量为 400~800 毫克。要想帮助睡眠的话，最好在睡前一小时服用缬草。若想缓解轻度至中度的焦虑症状，则应在白天服用 2~3 次 200~400 毫克剂量的缬草。

购买缬草时，要注意购买药效充足的产品。一般情况下，如果缬草标准提取物的缬草烯酸含量达到至少 0.5%，就说明产品的药效是符合标准的。此外，也要注意包装上的保质期，因为药效会随时间流逝逐渐减弱。如果产品中含有除缬草以外的其他药草或成分，包装上应给出完整的列表，包括每种成分的含量。如果包装上没有这样的列表，就不要购买该产品。

一般来说，连续每天服用缬草不应超过6个月。长期大量服用缬草可能会出现头痛、兴奋、坐立不安、焦虑烦躁、心悸等副作用。当然，每周服用2~3次缬草是没有任何问题的。此外，缬草也不宜与阿普唑仑、劳拉西泮、氯硝西泮等苯二氮卓类镇静剂，或替马西泮、安必恩(唑吡坦)、扎来普隆等安定类药物同时服用。不过，缬草可以与其他草药搭配服用，包括卡瓦胡椒、连翘、啤酒花和西番莲。

缬草在欧洲长期流行，这表明它是一种安全性很高的草药，但仍有个别病例出现了焦虑加剧、坐立不安、心悸等副作用，这可能是由过敏造成的。如果你在服用缬草后也出现了同样的反应，需立即停止服用。

## 西番莲

西番莲是一种作用与缬草类似的天然镇静剂。大量摄入可用于缓解紧张心理并放松肌肉。在健康食品商店中，西番莲一般以胶囊或提取液的形式出售，而且很多时候，西番莲都可以与缬草等其他有放松作用的草药搭配服用。西番莲的标准提取物一般含有3%~4%的异牡荆素（黄酮）。通常建议在睡前一小时服用200~600毫克西番莲以取得帮助睡眠的效果。若想缓解轻度的焦虑症状，则需每天服用2~3次，每次200毫克。服用缬草的注意事项也同样适用于西番莲。一般情况下，服用剂量不要超过包装上的推荐剂量。

## 啤酒花

大部分人都知道，啤酒花是一种制作啤酒的原料，不过，啤酒的放松作用应该主要来自于酒精，而非其中含量很少的啤酒花。欧洲人使用啤酒花的方式与缬草和西番莲类似，都是用来缓解焦虑、烦躁和失眠的症状。啤酒花可以单独服用，但更多时候，人们都会将其与其他草药搭配服用，特别是缬草。啤酒花之所以具有放松的作用，是因为这种植物含有一种特殊的化学成分——二甲基乙烯基甲醇。服用啤酒花时，一定要注意它是否新鲜，因为啤酒花在存放几个月之后，就会由于暴露在空气和光照中而变得不稳定，导致药效减弱。

## 雷公根

印度人服用雷公根已经有上千年的历史。雷公根有轻微的放松作用，可以保护神经系统的健康。此外，雷公根还可以促进血液循环，并有助于产后恢复。一般在健康食品商店出售的雷公根有胶囊或提取液两种形式。

## 贯叶连翘

人们服用贯叶连翘(也称为金丝桃) 的历史非常悠久。两千年前，希波克拉底的处方中就曾出现过贯叶连翘。现在，欧洲和美国的很多医生都用它来治疗轻度至中度的焦虑和抑郁。

贯叶连翘的主要功效是针对抑郁症状，不过它同时也可以缓解轻度至中度的焦虑症状。但是对于惊恐发作、强迫症或创伤后应激障碍等来说，贯叶连翘的效果并不是很好。欧洲一些研究表明这种植物有类似镇静类药物的抗焦虑效果，但这些研究结果在美国还没有得到证实。研究人员还发现，贯叶连翘可以调节与焦虑症有关的 3 种神经递质——血清素、去甲肾上腺素以及多巴胺的作用［布洛姆菲尔德(Bloomfield)、诺德弗斯 (Nordfors)、麦克威廉斯（McWilliams），1996]。

在健康食品商店和很多药店里都能买到贯叶连翘。要确保自己买到的产品符合含有 0.3%金丝桃素的标准，因为金丝桃素是贯叶连翘中的有效成分。服用贯叶连翘的标准剂量是每天 3 粒 300 毫克的胶囊。有些患者会在开始的时候每天先服用两粒胶囊，然后再把剂量加到每天 3 粒。随餐服用贯叶连翘可以有效缓解其引起的胃部不适。除有医生建议外，每天摄入贯叶连翘的剂量不要超过 900 毫克。此外，贯叶连翘需连续服用 4~6 周才有显著效果。

贯叶连翘的安全性很高。但是有些人在服用贯叶连翘后会出现光敏性上升的情况，也就是对阳光非常敏感。因此，在服用贯叶连翘后应当尽量避免阳光直射，或使用防晒指数 30 或更高的防晒产品。其他可能出现的副作用还包括胃部不适、头晕、口干舌燥、过敏反应。此外，研究人员目前还在进一步探究贯叶连翘对口服避孕药药效的干扰作用。但到目前为止，医疗界普遍认为贯叶连翘的副作用比选择性血清素再吸收抑制剂（SSRI 类药物，包括百忧解、左洛复、帕罗西汀、西酞普兰等）的副作用要小得多。如果你正在服用单胺氧化酶（MAO）抑制剂类的抗抑郁药物，就不要同时服用贯叶连翘。更多有关贯叶连翘的内容，请参阅哈罗德·布洛姆菲尔德（Harold Bloomfield）、米卡埃尔·诺德弗斯（Mikael Nordfors）、彼得·麦克威廉斯（Peter McWilliams）的著作《金丝桃与抑郁症》（*Hypericum & Depression*）。

## 腺苷甲硫氨酸

腺苷甲硫氨酸(简写为SAM-e）是人体本来就存在的一种物质。SAM-e因其显著的抗抑郁作用，在欧洲已经流行了超过几十年，并于1999年首次进入美国。SAM-e有抗抑郁的作用是因为它可以提高大脑中血清素和多巴胺的活性。研究显示，健康成年人自身就可以产生足够的SAM-e，而患有抑郁症的人体内则大多缺乏这种物质[布朗（Brown)，1999]。到目前为止，人们还不是很了解SAM-e在缓解焦虑方面的作用，但有些人认为如果SAM-e与选择性血清素再吸收抑制剂的作用类似，那么就应当具备抗焦虑的作用。

SAM-e的副作用很少，这可能是由于这种物质在人体内天然存在，但有些人在服用SAM-e后的几天会出现恶心的症状。与贯叶连翘和处方类抗抑郁药物不同，SAM-e在服用几天后就能见效。

除了有缓解抑郁的功能之外，SAM-e还有助于缓解骨关节炎和纤维肌痛等症状，因为它可以通过促进软骨再生来修复和保持关节健康。此外，SAM-e还有抗氧化的作用，人体可以用它来生成一种名为谷胱甘肽的抗氧化剂，用于保护细胞免受自由基的伤害。研究人员相信 SAM-e 还有助于排毒，包括酒精、药物以及来自环境中的其他毒素。

大多数健康食品商店和药店都可以买到 200 毫克的 SAM-e 药片。最好选择包有肠溶衣的药片以减少对肠胃的刺激。一般用于缓解抑郁的剂量是每天 800~1200 毫克，分别在早餐和午餐时服用。由于 SAM-e 可能会导致轻微的恶心，有些人会在一开始先每天服用 2 次 200 毫克的药片，5 天之后再将剂量增加到每天 2 次 400 毫克。患有双向情感障碍(躁郁症）的患者不宜服用 SAM-e，因为 SAM-e 会加剧躁狂的症状，所以如果没有医生的建议和指导，就不应摄入这类物质。

## 维生素

维生素有助于调节每时每刻都在人体内进行的新陈代谢。尽管很多医生、营养学家和医务工作者都建议补充维生素，但关于应当摄入多少剂量才合适的问题，不同的人还有着不同的看法。

补充维生素非常必要，其原因如下：首先，现在大部分美国人平时都会吃很多缺乏维生素的深加工食物。

而且由于长期耕作，很多农田的土壤都缺乏应有的矿物质，因此即使是那些吃很多新鲜的全麸谷物、蔬菜和水果的人，也不一定能摄入足够的微量元素。此外，现代社会的很多问题都会导致身体中微量元素的流失。例如，压力过大会导致体内的B族维生素、维生素C以及镁流失。抽烟喝酒也会损失一部分B族维生素，生活在污染严重的地区则会让你的身体消耗掉更多帮助排毒的微量元素，包括维生素C、维生素E以及硒元素。

50年前[①]，美国食品与营养委员会发布了健康成年人的维生素每日推荐量(RDA)。而有一些提倡补充维生素的人则认为，这样的标准只是最低标准，仅能保证人体不会因缺乏微量元素而患上坏血病等疾病，而最佳维生素补充剂量则要显著高于这样的标准。有些营养学家将最佳剂量称为最优每日推荐量(ODA)。

一般来说，维生素应当随餐服用。这是因为胃部在消化食物期间分泌的胃酸与消化酶可以加速维生素的分解和吸收。胶囊维生素一般比药片更易消化。很多营养学家都建议在服用维生素时搭配消化酶，以提高吸收率，特别是如果在一餐或多餐中服用了大量维生素时更应

---

① 本书英文版初版时间为2004年。此时间是本书出版时得出的。

如此。

## B 族维生素

在面对很大压力的时候，身体会消耗大量 B 族维生素，也就是说，当你感到身心疲惫时，体内 B 族维生素就会有所减少。很多人都觉得每天服用复合维生素 B 有助于应对压力，同时还会让人感到精力更加充沛。B 族维生素总共包含 11 种。缺乏维生素 $B_1$、$B_2$、$B_6$、$B_{12}$ 会加剧焦虑、敏感易怒、心神不宁以及疲惫等症状。维生素 $B_5$（泛酸）可以保护肾上腺，而肾上腺的功能就是抵抗压力。由于 B 族维生素一般都协同作用，所以服用复合维生素 B（包含全部 11 种 B 族维生素）应当是最好的选择了。一般情况下，每天应当分别服用各种 B 族维生素各 50~100 毫克。压力较大时，可以将剂量加倍，并分两次服用，甚至有些人会在经历严重的健康危机时，以延时释放的方式每天摄入 1000 毫克。如果长期服用复合维生素 B，要注意维生素 $B_6$ 的摄入量每天不宜超过 100 毫克。

## 肌醇

肌醇是一种 B 族维生素，负责在神经细胞中调节血清素的分泌。以色列研究人员在1997年进行了一项著名的双盲对照试验，发现在治疗强迫症方面，大量的肌醇（每天18克）与选择性血清素再吸收抑制剂（SSRI）同样有效。

肌醇也可用于治疗惊恐性障碍和其他焦虑障碍，而且效果显著。如果想要尝试服用肌醇的话，可以选择粉末状的产品(健康食品商店或网上都可以买到)，每天随餐服用3次，每次4~8克。肌醇可溶于水，而且即使摄入量很大也不会对身体造成伤害。

## 维生素C

与B族维生素一样，维生素C也会因为压力大而流失。大家都知道，维生素C可以帮助提高免疫力，并有利于治疗感染、受伤或其他疾病。维生素C也有保护肾上腺的作用。在处理压力时，可以用延时释放的方式每天摄入2~3次维生素C，每次1000毫克。有些人在压力很大的时候会将剂量加倍。但要注意，连续多日摄入维生素C超过8000毫克，可能会导致胃部不适，甚至有人还会出现肾结石。将维生素C与生物类黄酮搭配服用，效果可能会更好。

## 钙

钙对神经系统有镇静作用。钙与神经递质同时作用，将信号在神经细胞的突触间进行传递。缺钙会导致神经细胞过分活跃，而这可能是焦虑的生理原因之一。每人每天至少需要摄入1000毫克钙，包括含钙丰富的食物，例如奶制品、蛋类、绿叶蔬菜；钙片等营养补充品（柠檬酸盐、天冬氨酸盐等螯合物比碳酸钙的效果要好一些）；或是两者相结合。补钙的同时也应该补充镁元素，因为这两种矿物质可以互相平衡，共同作用，摄入钙与镁的比例应当是1∶1或2∶1。大部分健康食品商店都可以买到液体的钙镁复合物，而且这种复合物可以让人很快地放松下来。

单独服用500毫克的镁有助睡眠。此外，泡澡的时候在水里加上一两杯泻盐，也有助身体吸收更多的镁元素。

## 通过毛发检查来发现元素缺失

如果感觉自己可能缺钙或其他微量元素的话，可以请医生帮你做一个毛发检查。这项检查可以查出你是否缺乏各种微量元素，以及你的身体是否出现了对应的问题。例如，缺乏铬元素可能是碳水化合物的代谢有问题，或是有低血糖。而钴元素过低则代表可能缺乏维生素 $B_{12}$。毛发检查还可以查出人体内重金属超标的问题，包括铝、铅、汞等。人体内的汞超标也有可能会加剧焦虑症状。

## 氨基酸

氨基酸是组成蛋白质的物质。近年来，越来越多的人用氨基酸作为治疗焦虑和抑郁的补充性药物。

## 伽马氨基丁酸

伽马氨基丁酸（γ 氨基丁酸，GABA）是一种可以减少大脑中不必要神经传递的神经递质。用作营养补充剂时，GABA 可以起到比较温和的镇静作用，这是因为口服的药物只有很少的剂量可以进入到大脑里。GABA 之所以有镇静的作用，是因为它可以限制大脑中与焦虑有关部分的活动。当 GABA 与神经元受体的表面结合后，神经元的活跃度就会下降，从而缓解焦虑的感觉。搭配肌醇、烟酰胺及维生素 $B_6$ 等维生素一起服用，可以加强其与受体结合的能力。一般来说，每天应当服用 GABA 1~2 次，每次200~750毫克。未得到医生许可的情况下，每天服用GABA的剂量不应超过1500毫克。服用GABA时最好是空腹状态，或者搭配一些碳水类的小食品，如吐司或饼干，这样可以加强其镇定作用。服用GABA期间尽量减少或避免摄入蛋白质，因为蛋白质会影响GABA的吸收。同时服用GABA与牛磺酸或甘氨酸等氨基酸，可以帮助服用阿普唑仑、劳拉西泮或氯硝西泮等苯二氮卓类镇静剂的患者戒断该类药物。

## 茶氨酸

茶氨酸是一种几乎仅在绿茶里才有的特殊氨基酸。它有助于身心放松，不会让人感到困倦。茶氨酸不仅有放松的作用，还可以提高学习能力、让人头脑敏捷、缓解经前期综合征。初步研究表明，茶氨酸有助于大脑中伽马氨基丁酸的合成。服用茶氨酸的推荐剂量是每天1~3次，每次100~200毫克，每天摄入量不宜超过600毫克。此外，茶氨酸更适合在白天辅助放松，而不适合用来帮助睡眠。

## DL-苯丙氨酸和酪氨酸

DL-苯丙氨酸或酪氨酸可用于缓解抑郁症状，特别是困倦。之所以在这里提及这两种氨基酸，是因为很多患有焦虑的人同时也会受到抑郁的困扰。DL-苯丙氨酸和酪氨酸都可以提高大脑中去甲肾上腺素的水平，而去甲肾上腺素的缺乏与抑郁有密切的关系。

怀孕期间不宜服用 DL-苯丙氨酸或酪氨酸，患有甲状腺机能亢进的苯酮尿症(食物中不能含有苯丙氨酸）的患者，以及正在服用苯乙肼、反苯环丙胺等单胺氧化酶抑制剂类药物的患者都应当避免摄入这类氨基酸。如果没有医生指导，有高血压症状的人也不应该服用 DL-苯丙氨酸或酪氨酸。这两种氨基酸最好在餐前半小时或餐后两小时空腹服用，标准剂量是，开始服用时每日 2 次，每次 500 毫克，3~4 天后增加到每次 1000 毫克。没有医生指导的情况下，每天摄入 DL-苯丙氨酸或酪氨酸的量不超过 3000 毫克。如果没有严重的副作用，要坚持服用两周 DL-苯丙氨酸或酪氨酸才能见效，而如果其中一种没有效果的话，也可以尝试服用另一种。

如果患有严重的抑郁症或出现了自杀的念头，一定不要单纯依赖这些氨基酸来进行治疗，而是要去咨询专业的精神科医生。

## 色氨酸

色氨酸这种氨基酸是血清素的前体物质，血清素则参与调节身体的一系列功能，包括情绪、睡眠、食欲以及痛阀值。色氨酸可让人感到平静和舒适，缺乏色氨酸则与焦虑有着密切的关系。

色氨酸是一种有效的抗抑郁剂。很多研究都发现色氨酸在缓解抑郁、失眠、广泛性焦虑和敏感易怒等症状方面，与处方类抗抑郁剂和镇静剂的效果相当。

色氨酸通常有两种形式：5-羟色氨酸(5-HTP）和左旋色氨酸。大部分健康食品商店都可以买到 5-HTP，其推荐剂量为每天服用 2~3 次，每次 50~100 毫克(或睡前一次性服用以取得帮助睡眠的效果)，空腹或餐后服用均可。左旋色氨酸在 20 世纪 80 年代是一种常用的营养补充品，但在 1989 年，美国食品药品监督管理局下令其退出市场，这是因为有一家公司在一个生产环节中将杂质混入药物，导致几千人患上了严重的罕见血液病。90 年代中期，左旋色氨酸重新进入美国市场，但其生产标准非常严格，而且被划为处方类药物。不过近年来，没有处方的人也可以在健康食品商店或网上购买到左旋色氨酸。

很多人(包括本书作者)都认为左旋色氨酸的镇静效果比5-HTP要好一些，更适合帮助睡眠。左旋色氨酸的推荐服用剂量为睡前1000~2000毫克，最好随果汁或碳水类小食品一同服用。在服用5-HTP或左旋色氨酸的同时搭配维生素$B_3$(烟酰胺，100~500毫克)和维生素$B_6$(100毫克)可以加强其药效。正在服用选择性血清素再吸收抑制剂、三环抗抑郁药物或单胺氧化酶抑制剂类抗抑郁药物的患者，在没有医生指导的情况下不宜服用任何一种形式的色氨酸。

更多有关通过服用氨基酸缓解抑郁和焦虑症状的内容，请参阅书后列出的罗斯(Ross)、拉尔森(Larson)和斯拉格勒斯(Slagles)的著作。

## 欧米伽3脂肪酸

欧米伽3脂肪酸，特别是二十二碳六烯酸（DHA）和二十碳五烯酸（EPA），对于大脑和神经系统的健康非常重要。如果没有足够的欧米伽3脂肪酸，神经细胞的细胞膜流动性就会下降，导致神经细胞反应迟缓，甚至无法传导神经冲动。近期的一些研究发现，补充欧米伽3脂肪酸可以缓解抑郁症状。欧米伽3脂肪酸的最佳来源是野生鱼类(特别是鲑鱼或沙丁鱼)、南极鳞虾和部分植物。服用液体的鱼油（每天2茶匙）或鱼油胶囊（每天2~3粒），或两种形式合计每天摄入1000~2000毫克，可以缓解抑郁，稳定情绪。鱼油要放在冰箱里储存，以免氧化变质。每天服用400国际单位（IU）的维生素E（混合生育酚）也可以起到抗氧化的作用。

## 激素补充剂

很多激素在分泌不足时都可以通过药物进行补充，在药店或健康食品商店就能很方便地买到这类营养品。有些激素可以帮助放松和睡眠。以下我们将详细介绍两种最为常见的激素。

## 褪黑素

大脑中的松果体会在夜间分泌褪黑素，其作用是告诉大脑已经到了需要休息的时候。褪黑素补充剂有助于睡眠，并可以用来调节睡眠周期。褪黑素服用剂量是每天0.5~3毫克。尽管很多人都觉得褪黑素可以有效提高睡眠质量，但也有些人觉得褪黑素没有任何效果，反而会导致第二天早上醒来眩晕无力。如果每天服用2~3毫克褪黑素没有效果，或出现了副作用，可以将剂量调整为 0.5 毫克。

## 脱氢表雄酮

脱氢表雄酮(DHEA)是由大脑肾上腺皮质分泌的一种激素，主要用于合成人体内其他激素，包括雌激素和睾酮这两种性激素。随着年龄的增长，DHEA 的分泌会逐渐减少。很多人都表示，在服用 DHEA 几周后，都感到精力充沛、身体舒适，应对压力的能力有所增强，情绪更加稳定，睡眠也有所改善。服用 DHEA 的标准剂量为每天 10~50 毫克。不要过量服用，因为有医生认为，大量服用 DHEA 会抑制身体本身合成 DHEA 的能力。此外，对于部分女性来说，DHEA 也会带来一些问题，因为它会转化成睾酮。因此，女性服用 DHEA 时应减少剂量(10 毫克)或选择合成类药物，避免 DHEA 转化成睾酮。

# 第七章

# 冥想：寻求内心的宁静

假如你正在给一个素未谋面的笔友写信，并且想要在信中清晰地描绘出自己是一个什么样的人。那么，你可能会这么写：我喜欢旅游，喜欢看演出；但我不是很爱运动。我最喜欢的季节是夏天，最不喜欢冬天。空闲的时候，我经常研究烹饪，梦想着有一天能自己开一家餐厅。

换句话说，你会根据自己喜欢什么、不喜欢什么、想要什么和做了什么来定义自己。

## 找寻隐藏的自我

冥想看起来有点矛盾，因为在这个过程中，你会远离这些构成了自我身份的心理和情感，并最终与一个更深层的自我产生联结——而这个自我是语言很难描述的。冥想的时候，你会进入一个足够平和、静默的状态，从而与灵魂深处的内在自我产生共鸣。这个过程可以让你放弃价值判断，从更好的角度看待思想、情绪和欲望，而这三者会在你的头脑和身体中形成一个持续的循环。

## 同情：冥想带来的益处

冥想可以给身体带来很多益处，其中之一就是加强对自己和其他人的同情心，而由于焦虑发作之后，会留下羞愧、自责和挫败等感觉，因此同情心非常重要。通过冥想，你可以直面自己的感受，而不会被这些感受所支配。冥想不仅有助于缓解焦虑的症状，还可以将焦虑对自尊的伤害降到最低。

如果能够包容自己一些有局限性的想法和这些想法所带来的情绪波动，就可以更好地与它们和谐共处。带着同情心看待自己其实就意味着与自己和解，并带着善意去看待自己的一些缺点。

如果你是个完美主义者，可能会常常因为一些小错而责备自己。可以仔细算算，到底把多少时间花在了批评自己、对自己失望以及强迫自己去做并不想做的事上。而当你不再强迫自己的时候，可能又会陷入一种更加负面的恐惧情绪当中，这时，你的脑海中可能会出现一些假设的想法，并带来更严重的恐惧。把自己看作受害者的情况下，就很有可能出现一些会引发抑郁的想法，如“没用的”“全完了”，或“这次肯定要失败了”。如果仔细注意一下你是不是经常批评自己、哄骗自己，或让自己感到害怕和失望，可能你会对自己的思维模式有新的认识。

带着同情心看待自己可以让你更加爱惜自己，对自己的态度也会从评判、批评，甚至是蔑视，转化成包容、接受和爱护。同情的基础是接受自己以及万事万物本来的面貌。通过练习冥想，你可以认识到自己的局限性并接纳自己不完美的一面。更多关于冥想中同情心的讨论，请参阅杰克·康菲尔德的著作《心灵之路》(1993)。

## 在自我和焦虑想法之间划明界线

冥想练习的基础就是，相信人类的全部痛苦都来自无意识的自动思维和由此引发的情绪。从古时候开始，冥想就一直是一种帮助人们从苦难中解脱的途径，让身体与想法能够拉开一段距离，从而保护自身健康。在冥想的过程中，我们可以改变视角，正视自己的想法，但不对其做出任何反应。听起来是不是有点熟悉？在第四章中，我们介绍了一些方式，让你能够在情绪被想法激发之前就先反思并重构自己的想法。这些认知行为方面的方法是避免想法引发焦虑的心理学途径，而本章介绍的冥想则是一种更注重精神力量的方式。

## 意识

●○**冥想是放大意识的一种方式**。意识是一种纯粹的，且不受任何局限的状态，每个人都经历过这种状态。

人们的思维模式和情绪受到生活经历的限制，而意识既可以比这些思维模式和情绪更“表面化”，也可以比它们更具有深度。这种意识一直都存在，但很多时候都被头脑中对于当下经历的混乱思绪和情绪所蒙蔽，无从体现。

只有当整个人安静下来，放空一切，无欲无求的时候，这种原初的意识才能超越思绪和感受，重新出现。

所谓扩大或放大意识其实就是完全放松下来，并进入更深层次的放松状态。意识的存在可以分为不同程度，所以我们可以分几个步骤进入意识的不同层级。古埃及的哲学家认为，内心最深处的意识与至高力量或上帝是相通的，个人的意识会进入到全部意识的总体当中，而这种意识是没有边界的，就如同一滴水汇入了大海。在放大意识的过程当中，个体就可以更好地认识更广大的无尽意识。要记住，放大意识不需要你刻意去做任何事情，只要静下心来，就自然而然可以做到了。在放大意识之后，内心会非常平静，而在这种平静之外，你还会感受到很多本能的状态，包括本能的爱、智慧、洞察力和快乐。平静的状态本身其实是不需要寻找的。

通过冥想，我们可以放大意识，并使其抵消恐惧或其他情绪的影响。只要意识可以抵消恐惧，你就不会再被恐惧所支配，并且可以脱离恐惧的状态，从旁观者的角度去看待它。随着冥想练习的深入和意识不断被放大，做到检视自己的思绪和感受的同时不被其影响也就不是什么难事了。

或许你会认为，不该过分关注自己的思绪和情感，因为思绪有时非常混乱，情绪也总是会起伏不定，关注这些只会让人更加难以保持心态的平和。有一点非常重要：要找到内心更深处的自我，它的存在超越了想法和感受，因而可以不受其干扰。这样你才会感受到身心的完整性，并且能够更加自由地生活，而不被恐惧、愤怒、自责、羞愧、悔恨和其他负面情绪所困扰。通过坚持练习冥想，你会更加了解自己的反应，并让自己在经历过这些情绪之后，能尽快放下。如果思想不再因为情绪的大起大落而受到剧烈影响，你就能够用全新的、更健康的眼光来看待自己的感受。简而言之，你的意识越强大，局限性思维和情绪对你的影响也就越小。

## 学会放下：练习冥想

学习冥想的过程可以分为四个部分。你需要培养正确的态度、掌握技巧、保持专注并坚持练习。

## 正确的态度

在练习冥想时，态度或心态会在很大程度上影响冥想的效果。正确的态度就是最佳的心理状态。在这种状态下，冥想会发挥出最大作用，而且培养正确心态也是冥想练习中必不可少的一部分。在《全灾难人生》（*Full Catastrophe Living*）和《身在，心在》（*Wherever You Go, There You Are*）这两部著作中，知名冥想训练师乔·卡巴金(Jon Kabat-Zinn) 曾谈及以下 8 个方面的态度。

- ○ **初学者之心**。观察到正在发生的事情时不对其作出判断、预测或产生偏见，就是初学者的心态。具体来说，这种心态指的就是以初见的眼光去看待不同的想法、感受、情况或其他人。要看到并接受事物在当下的状态，而不要带着自己的偏见和评判去看待一切。尝试一下：下次再见到熟人的时候，试着忘记自己的感受、想法、预测或评判，更多地去关注他们在当下的样子，然后问问自己：如果这是我第一次见他，我会怎么看待他？

- ○ **不强求**。归根结底，生活中的每件事其实都是有目的性的。可能你觉得没有人要求你早上要坐公交车去上班，但其实你还是有目标的，达成这个目标才能去完成其他目标。坐上公交车才能去上班；上班才能挣钱买各种生活必需品；挣了钱才能维持收支平衡；维持收支平衡是为了让自己有长期的保障……这样一个接一个的目标永无止境。而冥想就应该没有任何目的，只关注当下。坐下来冥想之前，最好清空头脑中所有对目标的追求，包括希望通过冥想达到的目的。不要想着要放松、放空大脑、释放压力或捕捉灵感。冥想的质量不应该以是否达到这些状态来衡量。冥想的唯一目的就是关注当下，观察此时此刻的自我。如果感到紧张、焦虑或疼痛的话，不要努力去摆脱这些感觉，而要尽可能地接受它们的存在，这样就可以不再抵触它们或因其感到困扰了。

● ○ **接纳**。接纳与强求有完全不同的含义。如果能够学会单纯地看待当下所经历的一切，你就能够培养出接纳的心态了。接纳并不意味着要去享受生活中的一切（例如疼痛或紧张），而是愿意接受它们的存在，不去逃避或抗争。有句话是这样说的："越抗拒，越无法过去。"无论是在冥想中还是在生活中，只要你对某件事一直特别抗拒或纠结，这件事反而会被放大。接纳的心态会让不舒服的感觉或问题顺其自然地发展。尽管它们可能不会消失，但因为你不再逃避或抗拒，应付起来反而会更加容易。在生活中，接纳并不意味着要消极地接受一切，而不去做出改变或进步。相反，通过接纳，你有机会清晰地反思并做出有效应对而不会被自己的反应困扰。当然，有些时候，你会先经历一系列情绪反应 ——例如恐惧、愤怒或自责 ——然后才能做到真正的接纳。

在冥想练习中，要学会接受一切出现的问题，不要去逃避，这样才能培养接纳的心态。在这个学习的过程中，你会发现，万事万物都会发生变化，而如果你不去抵触的话，其变化速度可能会更快。

- ○ **不评判**。不评判是接纳和初学者之心的前提。仔细观察一天的经历，你就会发现自己常常对外界环境以及自身的情绪和感受做出评判。这些评判的标准是自己所认为的“好” 与“坏”。不相信的话，只要花上 5 分钟仔细观察，就会发现在这么短的时间里，你自己也做了很多的评判。要想好好练习冥想，很重要的一点就是学会不要评判，让自己远离这个过程。可以观察自己在心里做出的判断，但是不要做出什么反应，暂停做出任何评判，无论发生什么都只做一个旁观者，连自己评判的想法也不要去管。学会让这些想法自行消失，并继续把注意力集中在你选择作为冥想目标的物体上。

- ○ **保持耐心**。这一点与接纳和不强求的心态密不可分。保持耐心意味着让事物按照它们自然的节奏来发生。也包括冥想练习，进步和停滞不前都可以，没有必要催促自己。

如每天冥想半小时到一小时，保持耐心就格外重要。

此外，在那些有点无聊的日子里，要想坚持冥想练习也需要非常有耐心。保持耐心意味着不要急躁。在这个追求快节奏的社会里，这种心态显得有些格格不入，因为大部分人都总是在急着奔赴下一个目的地。经常坐下来练习冥想有助于培养耐心以及这里提到的其他心态。通过练习，这些心态会逐渐内化为你的习惯，同时，冥想的效果也会得到提升。

●○**学会放手**。乔·卡巴金在他的著作《全灾难人生》中提到，在印度有一种捕猴子的方法非常好用。把椰子挖空，用绳子固定在树上，在椰子上钻一个只能通过猴子的一只手掌的小洞，再往椰子里放一根香蕉。猴子来了之后，自然而然就会伸手进去抓香蕉，但是洞口太小，猴子们握着香蕉的拳头根本没法从洞口出来。其实，猴子只要把手里的香蕉放下，就能跑掉，但是几乎没有猴子会这么做。

很多时候，我们和猴子一样，沉溺于让我们感到痛苦的想法或某种情绪，不愿意放下。学会放手对冥想练习和应对焦虑都很有帮助。当你执着于某件事，就无法关注当下而不去强求或评判，无论这件事让你开心还是难过。愿意接受事物本身的状态才能做到放手。如果在冥想前，有些执念很难放下，那就在冥想时去观察由这种问题带来的想法和感受，包括这种执着本身。对想法和感受的观察越细微，就能越快地放大关于这个问题的意识，并且最终放下。如果执念对情绪的影响过大，那最好把你的感受说出来或写在日记里，要在开始冥想前把这种情绪发泄出来。练习这部分讨论的所有心态都可以让你更好地学会放手。

- ○**信任**。在冥想中，还有一种心态也非常重要，就是对自己要有基本的信任。也就是说，要相信自己的直觉、反应和感受，无论其他人怎么说。不要评判自己经历的事情，而要相信自己内在的美好。练习冥想就是要成为更加真实的自我，而放大意识就是要对自己当下所经历的一切负责。除了自己以外，没有人能对你负责。要想完全接受你的经历，就必须要信任自己。相信自己的观点和智慧也可以让你更好地同情自己和他人。

- ○**信念与自我约束**。在练习冥想的过程中，要坚定地为提升自己而努力，并按计划坚持练习。尽管冥想本身不是很难，但在练习的时候却并不容易。当今社会的主流取向就是鼓励大家要功成名就，在这样的氛围下，重视当下，并用有规律的时间去练习冥想的确需要一定的决心。很少有人天生就能做到不强求，因此，学会不以目标为导向做一些事情需要坚持练习，哪怕每天只练习半个小时。这种决心与运动员在训练时的决心类似。运动员不会只在自己想训练，或有时间训练，或有人陪着训练的时候才进行训练。严格要求自己的运动员每天都会坚持练习，无论他想不想训练，也无论他能不能立刻就从训练中获得愉悦感。

要想坚持冥想练习，最好无论自己想不想练习、是不是方便练习，都要坐下来开始冥想。要做到每周练习6~7天，坚持至少两个月。如果一开始很难做到如此频繁的练习，也不要责备自己，尽力而为就好。最终，只要你真的坚持练习了，这个过程本身应该就能够让你养成习惯（自我强化的程度也够了），并坚持下去了。每个阶段的冥想都会带来不同的体验——有些时候感觉很好，有些时候感觉一般，也有些时候你会觉得冥想很难。尽管在练习时不应该强求，但长期坚持练习冥想确实可以在很大程度上改变你的生活。冥想不会改变生活中发生的任何状况，但却可以从更深的层面改变你与一切事物的关系。在练习冥想时，可能本身没有什么明确的目标，但这个过程自然而然所带来的益处却会产生深远的影响。

## 正确的技巧：冥想的具体细节

冥想也需要正确的技巧，掌握这些技巧对于冥想练习非常重要。在这些技巧当中，最重要的一点就是要采用正确的坐姿，无论是坐在地上还是椅子上，都一定要保持后背挺直。这是因为，在背部挺直的时候，体内的能量会以一种特定的形式汇集在一起。尽管其他形式的放松练习可以在躺着的时候进行，但在平躺或懒散地坐着的时候，身体是无法汇集这种特殊能量的。此外，在冥想之前放松肌肉也非常重要。传统瑜伽动作的主要目的就是在冥想前放松并平衡身体。以下是一些建议：

● ○ **找一个安静的地方练习瑜伽**。尽可能减少周围环境的噪声。如果很难做到这一点，也可以放一些轻音乐或来自大自然的声音。海浪的声音就是很好的一种背景声。

● ○ **缓解肌肉紧张**。如果感觉很紧张，可以先花点时间来放松肌肉(不要超过 10 分钟)。通过渐进式肌肉放松来放松头部、颈部和肩部肌肉会很有帮助(详见第一章)。以下肩颈放松练习的效果也很好，将其与渐进式肌肉放松相结合效果尤佳。

1. 用下颚触碰胸前 3 次。
2. 向后仰头，拉伸脖颈后部 3 次。
3. 向右侧歪头 3 次。
4. 向左侧歪头 3 次。
5. 慢慢顺时针旋转头颅 3 次。
6. 慢慢逆时针旋转头颅 3 次。

● ○ **采取正确的坐姿**。练习瑜伽时，采取中式坐姿和西式坐姿都可以。中式坐姿即盘腿坐在地上的坐垫上，将双手放在大腿上，身体微微前倾，将身体的部分重心放在大腿及臀部。西式坐姿（大部分美国人都会选择西式坐姿）即坐在舒适的直背椅上，双脚平放在地面，两腿不要交叉，双手放在大腿上（掌心朝上或朝下均可）。不要让自己的坐姿太过紧张或不放松。如果想要调整坐姿或做小幅度动作也没有问题。一般建议不要躺下或支撑头部，因为这样可能会让你昏昏欲睡。

- ○ **安排 20~30 分钟的冥想时间**。这是最适合冥想的时间长度，但在最初开始练习的时候，每次练习 10 分钟也可以。你可以设定闹钟，或播放时长 20~30 分钟的背景音乐，这样你就能知道该在什么时候结束。如果你更喜欢看闹钟或戴手表，也没有问题。在坚持几周每天练习冥想 20~30 分钟后，就可以尝试将每次冥想的时间延长至 1 小时。

- ○ **养成每天冥想的习惯**。即使只能冥想 5 分钟，也要坚持每天都练习。最好每天冥想两次，一次在早上起床后，一次在傍晚或晚上。每天至少要练习一次冥想。避免在饭后或很疲惫的时候冥想。如果做不到在餐前冥想，至少要等餐后半小时再开始练习。

## 练习专注：让注意力集中在一个焦点上

保持专注对冥想练习来说，非常重要。为了更好地练习冥想，你需要学会保持专注，集中注意力，这样可以避免在练习时分心。有一种冥想形式叫作结构性冥想，这种形式的冥想需要将注意力集中在一个特定的物体上。自身的呼吸周期或曼特拉(Mantra，重复的词或短语）就可以用作这种焦点，此外，画作、重复的旋律或蜡烛的火苗都可以用来冥想。劳伦斯·莱尚(Laurence LeShan)曾在其著作《如何冥想》(*How to Meditate*）中给出许多有关结构性冥想的具体信息。

在最开始练习冥想时，曼特拉或数息最为适宜，因为二者有助于调节呼吸。而且也有人会长期练习结构性冥想。

还有人更喜欢练习非结构性冥想。在这种形式的冥想中，注意力集中的焦点就是个人正在经历的想法和感受的变化。带着接纳和不评判的心态旁观正在发生的感受常常被称为“正念”。

在任何形式的冥想过程中，闭上眼睛会有助于集中注意力。不过也有些人喜欢微微睁眼，看清楚周围的事物，这样可以减少自己的思绪、感受和幻想对注意力的分散。如果在冥想时你经常分心的话，也可以尝试微微睁开双眼。

在第一次坐下来开始冥想之前，你可能都意识不到自己有多么容易分心。在印度，人们常说，没有经过训练的大脑就像疯了或者喝醉了的猴子一样，而结构性冥想所运用的技巧可以让注意力集中。在练习一段时间以后，你就可以不再关注形式上的具体事物，而是将注意力集中于观察(而不评判）正在发生的一切。

在进行结构性冥想时，很重要的一点就是要集中注意力，关注你选来当做焦点的物品，但同时，也不要强迫自己去保持专注或让自己很疲惫。冥想应该是一种放松的专注。当思绪、幻想或外在的因素让你分心时，不要将注意力停留在这些东西上面，但也不要特别激烈地去抗拒。让它们自然而然消失就可以了。

## 练　习

### 曼特拉的运用

1. 将注意力集中在选定的一个词汇或短语上，可以是类似“Om Shanti”“Sri Ram”“So-Hum”这一类的梵文，也可以是其他对于你的信仰来说最有意义的短语，例如“放下”或“我很平静”等。

2. 在心里重复这些语句，最好是在每次呼气时重复一次。

3. 当你被其他的思绪或反应分心时，让它们自然而然地消失，随后将注意力重新集中在重复这些语句上。

4. 持续练习至少 10 分钟。

## 练 习

### 数息

1. 安静地坐好，将注意力集中在胸部和腹部吸气和呼气的过程上。放慢节奏深呼吸。每次呼气的时候，默数一个数。可以数到 10 之后就从头开始，也可以一直继续数下去。

2. 分神的时候，将注意力重新集中在呼吸和数息上。如果脑海中的一些想法挥之不去也无需担心，更不必批评自己。放松下来然后重新数息就可以了。

3. 计数出现错误的时候，可以重新开始或从 50 或 100 这样的一个整数开始计数。

4. 持续练习至少 10 分钟。

在坚持练习数息冥想一段时间后，就可以不再计数，而仅仅专注于吸气和呼气本身了。

## 坚持练习

养成放空的习惯并非易事，这需要你找到动力、下定决心并且能够做到有效的自我约束。学习冥想和学习其他技能一样，要花费时间，并勤于练习才能熟练掌握。这就意味着，当你觉得不想练习的时候，要克服这种情绪，并且在条件不是很方便的时候也要坚持。每天留出20~60分钟的时间专门用于冥想会很有帮助。练习冥想的最佳时间是早上刚醒来时或晚上睡前(不是很累的情况下)。其他适合练习的时间还包括午餐或晚餐前。安排好专门的时间就相当于在生活中开辟出了用于冥想的专属空间。

除了决心和自我约束之外，你也可以寻求外界的帮助。最好能找到在住处附近开展有规律活动的冥想课程或活动小组。一般在医院或成人教育项目中就能找到类似的组织。此外，你可能还会找到一些独立的冥想小组。说不定，你还有条件能够找到一对一的辅导老师。超觉静思(TM)是由马哈里希·玛赫西·优济(Maharishi Mahesh Yogi)创立的一种冥想流派，并且在很多地方都开设了课程。超觉静思只做曼特拉冥想，作为入门练习是很好的选择。在你不想练习冥想的时候，有其他人的支持会更容易坚持下来。

内观禅修社（IMS）在美国各地均会举办禅修集会。在集会上，人们每天冥想 6~10 小时（每小时休息一次），连续练习 10 天甚至更久。参加这样的集会可以在很大程度上强化冥想的效果，但对于刚入门的人来说可能并不合适。

# 第八章

# 正念训练

你对“普拉那”(prana)、“灵气”和“气”这几个词熟悉吗？是不是感觉经常会听到“气”这个字呢？这些所对应的含义其实就是“生命力”或“生命能量”。气是传统中医的常用术语，现在中医在西方也有很多追随者。普拉那是来自阿育吠陀(古印度东部)医术的一句梵文，灵气则是日本传统医学的术语。这些传统医学的流派都认为，人的身体中有纵横交错的生命能量，这种能量在特定的通道，即经络中流动，而只有当能量的流动畅通不受阻碍的时候，身体、心理和精神才能保持健康，当生命能量流动不畅的时候，就会导致各种健康问题。事实上，中医和印度东部的传统医学认为，所有的疾病都是由不同类型和不同程度的能量阻滞所致。

瑜伽、太极和气功等都是建立在这种理念之上的，而且东方传统医学也会建议人们多做这些活动，防止一系列疾病的发生。经常进行以上这些练习能让心态更加平和，从而减少焦虑造成的影响。

## 身心合一

在第一章中，我们建议读者通过渐进式肌肉放松来缓解焦虑带来的紧张。这种放松练习会同时调动身体和大脑，让二者达到和谐的统一。还记得埃德蒙·雅各布森曾说过，当身体放松下来时，心理也会跟着放松下来。正如渐进式肌肉放松可以让身心同时放松，瑜伽和太极这类正念训练也有同样的功效。这一点非常重要，因为焦虑会让你感觉身体缺乏安全感。即使没有外在的创伤，身体的反应也好像是受到了创伤一样，并会在一段时间里让你觉得筋疲力尽，从而影响你的精神状态。通过正念训练让身心达到和谐统一后，你也会更加放松，并且与自己的身体有更亲密的联系。在达到身心和谐后，内心的恐惧也会有所淡化。

正念练习的一个好处就是可以让头脑更加清醒。这为什么有助于缓解焦虑呢？回忆一下，在第四章中，你曾学习过如何理智地应对恐惧和不切实际的想法。如果头脑清醒，你的思绪就会更有逻辑，做出的决断也会更加理智，不会过分悲观。这样，你就不会总是被不切实际的恐惧心理所困扰了。

## 开始正念训练前的注意事项

在开始新的训练之前，向医生咨询一下总是最稳妥的做法。本章所提及的正念训练总的来说都非常安全，但有一些特殊情况是不适宜训练的。例如，孕期的女性就不宜练习气功。由于气功有稀释血液的作用，并且会加快血液循环，所以在内出血期间、手术后或受伤后也不宜练习。正如之前所说，每个人都是独立的个体，所以针对大多数人的建议也许对你并不适用。因此，在开始新的练习计划前咨询医生才是最明智的。

## 瑜伽：通过拉伸获得内心平静

其实，瑜伽所包含的内容远远不只是拉伸这么简单，它包括一系列道德认知、饮食习惯、冥想练习、调息和注意力训练以及我们所熟知的拉伸动作。不过，本章所介绍的“瑜伽”指的就是瑜伽里的动作。公元前 2 世纪，哲学家帕坦伽利就开创了瑜伽，因此，瑜伽是世界上最古老的健康实践之一。瑜伽的词意为“结合”或“统一”，其终极目标就是达到头脑、身体和精神的统一。而且，很多人都相信，在练习瑜伽的过程中，思想和身体会同时变得更加强大。

有人认为规律的瑜伽练习可以缓解焦虑症状。瑜伽生物医学信托的一项调查显示，在 838 名疗程中包含瑜伽的患者中，有 94%表示他们的症状得到了不同程度的缓解(Goldberg，1993)。其他研究也表明坚持练习瑜伽可以有效缓解焦虑。

因此，在很多主流临床医学界使用的缓解压力、治疗焦虑和控制愤怒的训练项目中都包含瑜伽练习。此外，很多人认为瑜伽既可以让人精力充沛，同时也可以让人心境平和。而且，不管怎么说，瑜伽至少还可以锻炼肌肉并提高身体的柔韧性。

## 瑜伽动作

除了身体上的要求之外，瑜伽动作还要求练习者集中注意力，同时调整心态。每个动作体位都对应一种心态，例如一些身体前倾的动作就对应屈服的心态，而一些向后伸展的动作则会强化信念。进行每个动作，你的身体和心理就是在同时接纳这种心态。通过强化特定的动作和体位，你可能会养成一些良好的品格，或弱化那些有局限性的负面性格和行为模式。如果对瑜伽感兴趣的话，可以书后的延伸阅读中查阅相关的书籍或视频。此外，很多健身房和社区学校都会为公众提供瑜伽课程。

## 可以缓解焦虑的瑜伽体位

体位是瑜伽动作的正式表达，有一些体位对于缓解焦虑格外有帮助。摊尸式、眼镜蛇式和婴儿式都有助于放松心态和保持平静。摊尸式可以让人达到完全的放松状态。在做眼镜蛇式时，注意力会集中在自己的内心，不易分神。而你可能已经能够猜到，婴儿式就是摆出类似婴儿的动作。婴儿式可以放松全身，并让呼吸的气息流动到腹腔和骨盆处，锻炼这些部位的肌肉。这三种体位做起来都很容易，将其与第一章讲过的深度放松结合起来，还可以帮助神经系统放松。在练习放松的过程中，要努力将注意力集中在自己的内心，闭上双眼，采用腹式呼吸而非胸式呼吸。（当然，瑜伽所包含的体位远远不止这三种。）

## 摊尸式

摊尸式不仅可以放松身体，还可以促进血液循环，保护神经系统的功能，放松骨骼肌，并减少疲惫感。请按以下指导练习至少 5~10 分钟。

1. 面部朝上平躺，双臂展开 30~45 厘米，手掌打开，手心朝上，双脚分开与肩同宽。在头颈部下方垫一块叠起来的毯子或毛巾。

2. 闭上双眼放松下来，缓慢地进行腹式呼吸，每次吸气都要完全打开腹腔，每次呼气都要将体内的气体完全排空。

## 婴儿式

除了有助于放松之外，婴儿式还可以减少椎间盘的压力，缓解腰痛症状。要注意，这种体位的持续时间不宜超过 5 分钟。

1. 跪姿坐好，脚背放在地面上，臀部紧贴脚跟。保持头、颈和躯体在一条直线上。

2. 放松双臂，将双手放在地面上，手心朝上，手指向后。呼气，身体慢慢以臀部为轴向前弯曲，直到腹部和胸部紧贴大腿前侧，额头触碰膝盖前方的地面。

3. 随着身体前倾，将双手滑至身体两侧并伸直，达到一个舒适的体位。不要抬起大腿或臀部。保持双臂紧贴身体，掌心向上。双膝可以微微分开以保持舒适。

4. 结束这个体位时，缓缓抬起头和躯体，恢复至跪姿体位即可。

## 眼镜蛇式

眼镜蛇式不仅有助于放松，还能锻炼肩膀、颈椎和背部肌肉，加强颈椎的灵活性，并打开胸腔。这个体位应保持 5~10 秒。

1. 俯卧在地面上，脸朝下，前额贴地，伸直双腿，双脚靠拢，身体完全伸展并放松。

2. 弯曲肘部，紧贴身体两侧，并将双手手掌置于胸部两侧，手指与身体方向平行。

3. 腹式呼吸，慢慢抬头，下巴放在地面上，头部向前倾。

4. 慢慢抬起肩膀和胸部，双眼向上看，并向后仰头，尽可能向后弯曲身体，但不要用力过度。最好使用胸部和背部的肌肉支撑身体，而不是单纯用手臂和双手来支撑。

5. 呼气，慢慢将身体放低，直至额头贴于地面。

## 太极：仙鹤与毒蛇

太极是一种古老的运动形式，旨在让人达到身心合一。据说，13 世纪的时候，中国有一个道士，在看仙鹤和毒蛇缠斗的时候受到启发，创造了这套动作。在鹤进攻蛇的时候，蛇会很流畅地改变自己的姿态，从不让鹤碰到自己。受此启发，这个道士开创了太极 103 式，并在随后的漫长历史中不断被后人完善。在太极中，不同动作之间的切换非常优雅流畅，而且每个动作都有专门的名字，如“玉女穿梭”“白鹤亮翅” 等。中国有几百万人练习太极，他们一般会在早上成群结队去练习。在其他国家，太极也很受欢迎，并且近几年美国喜欢太极的人也越来越多了。而由于其动作缓慢温和，太极也深受老年人的青睐。

与其他正念训练一样，太极也有助于疏通经络，保持气血通畅，让身体和谐统一。因此，太极也经常会与针灸结合使用。太极大师认为练习太极可以让相反的力量，即阴和阳相融合，例如天与地、积极与消极、男性与女性等，达到一种微妙的平衡。具体来看，几乎所有的太极动作都需要利用相反的力量，左右相对，伸缩兼顾。

几乎所有人都可以从练习太极的过程中受益，无论年龄多大或是否经常运动。练习太极需要进行有规律的腹式呼吸，因此可以让人神志清明，注意力集中。太极还可以增强平衡感，因为太极中有很多需要将重心左右移动的动作。此外，太极也可以被看作是一种低强度的有氧锻炼，可以降低血压，减慢心率；事实上，在这些方面，太极的功效甚至比其他有氧运动更好。此外，太极可以充分活动关节(特别是膝关节)、保护脊柱和背部，并有利于内脏器官的健康。练习太极还有以下好处：

- 提升力量；
- 增强灵活性；

- 增强肌张力；
- 提高协调性；
- 提高对压力的耐受性；
- 充沛精力；
- 改善体态；
- 加速血液循环；
- 改善整体健康状况。

## 太极动作

只要你见识过真正的太极动作，就会知道它有多么神奇，也会理解为什么有人称之为“动态冥想”。每一套太极动作都是由循序渐进的招式组成的，每一套动作要花大约 20 分钟才能完成。这些动作有助于疏通经络，身心和谐。很多人都表示，随着对动作越来越熟练，生活的各方面也都有所改善：他们变得更善于放慢生活节奏、冷静清晰地思考问题并妥善应对生活中出现的问题。此外，练习太极之后，在做其他运动时的平衡能力会有所提升，注意力也会更加集中。总的来说，练习太极有利于身体健康和身心平和。

## 太极课程简介

如果想尝试太极，可以去健身房或武术学校参加一些相关的课程(不过太极一般不作为自我防卫的一种方式)。最好能跟随老师学习，而不是自己看书或看视频，尽管有一些书籍和音像制品也做得很好。这是因为在刚开始练习的时候，有一些动作比较难掌握，在老师指导下可以提高动作的准确性。在练习太极的时候，建议穿较宽松的衣服，并穿平底鞋或袜子。

一节太极课一般为一小时。每节课开始时一般练习的是最基础的太极动作，也就是后背挺直，双膝微曲，微微抬头，双脚打开与肩同宽，双臂自然下垂，肩膀放松。丹田指的是肚脐下方的位置，也是所有动作的发力点。中医认为丹田是全身气血流通的中枢，练习太极动作的时候，将注意力集中在丹田有助于境界的提升。熟练掌握一套太极动作之后，大约 10 分钟就可以练习一遍。尽管有些人很快就能掌握太极的基本功，但即便每天都练习，也可能需要一生的时间才能真正领悟太极的真谛。如果你想练习太极，但是找不到相关的课程，可以参阅书后延伸阅读所列出的视频材料和书籍。

## 气功：冥想、调息与动作

气功距今已有两千多年的历史。它结合了冥想、调息和运动等元素，这些都有助于缓解焦虑。和太极一样，练习气功的一个作用也是疏通经络，有助于全身气血保持通畅。气功可以通过这种气血的流通保护内脏的健康。气血通畅则血液循环系统、淋巴系统甚至神经系统的功能都会有所改善。气功一直都是中医的一个重要组成部分，平均每天都有大约 2 亿中国人练习气功。而美国的一些医院、成人教育中心和社区中心也开始提供气功练习项目。

气功的倡导者认为，练习气功可以通过加速淋巴液的循环提高免疫力，而且血液循环加速也可以促进身体排毒。气功还有降血压、舒张血管以及促进组织充血的功效。还有些人坚信，练习气功可以调节大脑和脊髓周围许多腺体和组织液的活动，因此也有助于情绪的调节。尽管气功的功效还没有得到科学验证，但很多传统医师都承认，他们的很多患者在练习气功后，健康状况都有所改善。

## 气功课程简介

与太极一样，最初练习气功的时候最好也是参加课程，或向有经验的专业人士请教。上气功课时应穿较为宽松的衣物和舒适的鞋子。课程开始前一个半小时之内不要进食或饮水。在课程的最开始，老师会传授一些最简单的练习动作，还很有可能会建议每个动作重复 6 次，在熟练掌握这些动作之后，再逐渐减少重复的次数。老师可能会要求你站立时分开双腿，做一些特定的手臂或腿部动作时配合深呼吸。你应该尽力跟上老师的节奏，尽可能完成每一个动作，但也不一定要追求完美。如果你感觉保持呼吸或坚持某个动作对你来说很困难，那么你只要尽量去完成就可以了。

## 练　习

### 行气血

这项练习的目的是疏通经络，保持气血畅通。这项练习应重复 3 次，每次开始前须先揉搓双手掌心。

1. 揉搓双手掌心直至发热，这一步骤有助于聚气。

2. 与洗脸的动作类似，用双手掌心自下而上轻拍脸颊、眼睛、额头。

3. 从头顶两侧继续向下，轻拍脖颈后侧、肩膀及肩关节。

4. 继续向下轻拍双臂下方的胸廓。

5. 从胸廓下缘继续向下，轻拍腰背、臀部、双腿后侧和外侧，直至双脚外侧。

6. 从双脚内侧逐渐向上，轻拍双腿内侧，上升到躯干前侧，直至回到脸部，并开始第二轮练习。

# 第九章

# 保持简单生活

简单的生活并非苦行僧式的生活，后者会让人在欲望和剥夺感中挣扎，从而无法体会到感官上的愉悦和舒适的生活。我们并不倡导苦行僧式的生活方式，无论你是否感到焦虑。这里所说的简单生活，指的是生活中应当有丰富多彩的活动、向往和对物质的追求，这一切都可以实现个人价值并体现个人能力。简单的生活中应该有很多有价值的事物，但是那些不能让人内心更加充盈却又会消耗金钱和时间的事情越少越好。因为如果生活中充斥着这种无谓的事情和过剩的物质，就会让人感到焦虑。而如果在生活中你能够持平和的心态，不断提升能力，实现自我价值，就会感到内心非常安宁。

## 两个厨房的故事

芭芭拉和保罗的厨房一模一样，他们都有最新款的厨房小家电和各种工具，无论是要做一顿精致的早餐还是筹备一场奢华的鸡尾酒会都不在话下。在他们的厨房里，有高端搅拌机、食物料理机、榨汁机、烤面包机、华夫饼烤盘和牛排刀，抽屉里更是放满新奇的小工具，比如专门切柠檬的小刀和处理牛油果的勺子等。

保罗很享受烹饪，会花很多的时间在厨房里忙碌。他经常会在家里举办热闹的派对，因此也经常会用到厨房里的各种工具。

芭芭拉则不是这样，她不是很喜欢烹饪，一般做饭的量也很少超过两人份。她总是冲动消费，厨房里几乎所有的工具都是她一时兴起买下来的，用过一两周之后就放在橱柜里再也没动过了。

因此，对于芭芭拉来说，她的厨房里只有一堆杂物；而保罗的现代化厨房却可以让他充分发挥对烹饪的热情和创造力。这样看来，保罗的生活就是简单的，因为他可以用自己拥有的东西来做自己热爱的事情；芭芭拉的生活则是复杂的，因为她的生活空间里堆满了没用的东西，而且从长期来看，她也没有把钱花在会让自己快乐的事情上。对一个人来说无用或冗余的物品，对另一个人可能就非常重要。简单的生活没有一定之规，归根结底，还是取决于你热爱什么和重视什么。

## 一个关于简单生活的观点

杜安·埃尔金(Duane Elgin) 在他的著作《自愿简朴》(*Voluntary Simplicity*)(1993) 中写道，过着简单生活的人一般有以下特点：

- 将通过简化生活节省下来的时间和精力用于陪伴朋友和家人(例如一起散步、聚餐、露营、玩乐器等)。

- 注重自身的全面发展，包括身体(跑步、骑行、徒步等)、情感(掌握维护亲密关系的技巧，与重要的人分享感受)、思想(通过阅读和参加课程坚持终身学习)、精神(以平和的心态和饱满的热情对待生活) 等方面。
- 尊重自然，并亲近自然。
- 真诚地关怀世界上的弱势人群。
- 降低个人消费水平 ——比如少买衣服，注重衣物的功能、耐用性和美观性，不要冲动消费，也不要过分关注所谓的时尚和短期的潮流。
- 购物时更注重产品的功能，以及是否耐用、美观、易维修，还有生产和使用过程是否节能环保。
- 少吃深加工食物(包括肉类和糖)，饮食结构中包含大量的天然健康食品。
- 将自己很少用到但可能对他人很有用的物品送人或卖掉(如衣物、书籍、家具、小电器、工具等)，这样可以减少家里堆积的杂物，让生活更简单。
- 回收金属、玻璃和纸制品，少买由非可再生材料制成的产品。
- 学习一些常用的技能，解决生活中常见问题的时候可以不再过分依赖专业人士(如简单的木工、水管维修和家电维修)。
- 喜欢小范围的人性化工作和生活环境 ——注重团

队意识、面对面的交流以及人与人之间相互关爱。

- 重视身心健康，注意预防疾病。

- 常骑车、步行、乘坐公共交通工具或拼车，驾驶油耗较低的小型汽车，选择离工作单位较近的住处。

## 简化生活的方法

下面这些建议可以让生活变得更简单。有一些是你马上就可以去做的改变，还有一些可能需要花费更多的时间和精力。要记住，简化生活的目标是不再去做那些耗费时间、精力和金钱却又无法满足基本需求或让精神得到滋养的事情。

- ○**减小居住空间，让自己更加舒适**。稍小的居住空间可以带来很多方面的好处。首先，由于空间不足，小房间里很难堆下过多无用的杂物。而且小房间打扫起来更快，更容易保持卫生整洁，价格也会相对低廉。希瑟·加诺斯·米切纳(Heather Garnos Mitchener)和帕特里克·范宁(Patrick Fanning)在他们的著作《50种能够简化生活的最佳方法》(*The 50 Best Ways to Simplify Your Life*)(2001)中曾鼓励读者去思考简单的家装意味着什么。他们的建议是：闭上眼睛，想象一下理想中简约的家应该有哪些元素。当脑海中浮现出清晰的画面时，把你的想法都写下来，具体或是宽泛的都可以。比如想象房间里有一个收拾整齐的壁橱，安静的角落里摆着一把舒适的扶手椅，而洗手间就像水疗会所一样干净。用这样一个“简约家装心愿清单”来理清思路，看看要做什么才能真正拥有一个简单的生活环境。问问自己，主要想把资金用在什么地方，用时间和创造力可以解决哪些金钱解决不了的问题，以及可以向谁寻求帮助来做出真正的改变。

- **减少囤积杂物**。当今社会，物质极其丰富，我们很容易积攒许多没有什么实际价值或用途的物品，这些物品不仅会让家里杂乱无章，也会让人感到焦虑。米切纳和范宁建议坚决控制采购量以减少家里囤积的杂物，至少要弄清楚家中的角落里已经堆了什么东西。你很有可能会惊讶地发现，很多之前买来的东西你都已经忘记它们的存在了。如果一两年都没想起来用的某件东西，你是真的需要它吗？

- **改变生活方式达到正命的境界**。“正命”是佛教中的一个概念，20 世纪 90 年代的一句格言“要努力解决问题，而不是成为问题的一部分”讲的大概就是正命的含义。正命指的是从事与自身价值观相符的工作，并且这份工作会让你非常愿意投身其中。这会让生活更加简单，因为你会感受到一种使命感。当工作与个人价值观相符时，自尊心会有所增强，你也更能够抵御生活中的复杂问题、失望以及压力。找到这样的职业可能需要花费很多时间和精力，还有一定的风险。你可能要用一两年的时间重新掌握新的知识和技能，而且在刚从事新工作时，你只能做一些入门级的任务，一段时间之后，你的工资才能满足你的生活开支和理财需求。不过，你付出的这些时间、精力和遇到的波折通常都不会让你感到后悔。

●○**减少通勤时间**。减少通勤时间是简化生活最有效的一种方法。每天早晚高峰所带来的压力显而易见。住在工作单位附近或搬到小城市生活都可以缩短通勤时间。如果需要花大量时间在通勤上，那至少要尽量灵活安排通勤时间(避免高峰时间）或买一辆配有音响系统的舒适型轿车。目前，有15%的美国人在家办公，而且这一比例还在不断上升。如果你能找到咨询类或在电脑上就能完成的工作，也可以尝试在家办公。

●○**少看电视**。每天你花在屏幕前的时间是多少呢?大多数美国人的家里至少有两台电视，每一台都有大量的节目可供选择；他们的家里还至少有一台连接互联网的电脑，可以浏览几百万个网站。诚然，电视上有很多高质量的电视节目，网络也是传播信息的有力工具。问题在于，大量的选择会带来复杂的局面，而每种选择的结果都是被动享受娱乐或吸收信息。尽管在屏幕前，我们的注意力被分散，不会关注焦虑本身，但这种做法会妨碍你重新亲近自己的内心、他人和大自然。过多的刺激和疏离感会加重焦虑，因此，还是应该尽量减少使用电脑和电视的时间。

●○**亲近自然**。疏离感与焦虑有密切的关系。远离土地、忽视自己的身体和感受是人格解体和现实解体（神志不清的感觉）的突出表现，这两者常会带来剧烈的焦虑或惊恐发作。身体远离土地会加重这种疏离感，例如长时间坐车、在高楼层生活、坐飞机等。此外，刺激因素过多、注意力分散也会加重这种感觉，例如在超市或社交场合等环境中的状态。

在树林或公园里散步可以缓解这种空洞感。亲近自然——包括景色、声音、气味、能量——有助于接近自己的内心。如果可能的话，可以尽量选择住在亲近自然的环境中，让自己重建与大地的联系，而这种联系在现代社会似乎已经消失不见了。

●○**控制手机的使用**。有人觉得每一次手机铃声响起来的时候都必须接听，无论当时是几点，也无论当时自己心情如何。他们认为自己有义务接听每一个电话，不管打来电话的人是债主、推销员还是坏脾气的亲戚。要记住，你也可以选择不接电话，毕竟你还有语音信箱，可以等你愿意回电的时候再给对方打回去。如果电话铃响的时候，你正在全神贯注做一件事并享受其中，那就没必要一定放下手头的事去接一个并不紧急的电话。

- **将琐碎的家务交给别人来做**。哪怕只是将一件你不愿意做的事情交给别人去做，例如打扫房间或收拾院子，都能让你觉得生活轻松许多。有没有什么事情你的孩子可以做得和你一样好？是不是可以让家里其他人帮你做饭、刷碗、收拾院子或打扫房间呢？在《50种能够简化生活的最佳方法》一书中，米切纳和范宁提出了一些关于哪些事情应该交给别人做的建议。他们认为，首先应该列一个需要完成的日常家务清单，再列出那些一年只需要做几次的家务。然后，严格地审视一下这个清单，看看有哪些工作是你长期在逃避的，有没有达到只要想想就感到焦虑的程度。如果让其他人来完成这些工作是不是会让你感到轻松一些？再想想诸如春季大扫除或擦玻璃这种比较复杂的家务，是不是每年你都要一再推迟？如果是的话，就可以考虑请人来帮忙吧。如果感觉经济负担过重，或许你可以用帮别人做其他事情来交换。也有可能附近会有一些想做兼职的学生或年轻人愿意帮忙。

- **学会说不**。“不”并不是什么不文明的字眼。很多人都为自己能够随时随地帮助家人、朋友和同事感到自豪。问题在于，这种从始至终的“乐于助人”会让人很累。你可能会忙于满足其他人的需求，而没有时间和精力照顾自己。当有人请你花费时间、精力去帮忙的时候，在答应之前要先想一想，这么做是不是对你和对方都有好处。

●○**减少接收的信息**。与以往相比，现代社会中有过多的信息充斥着我们的生活。垃圾信件、商品目录、报纸杂志总是堆积如山。我们接触的信息应当与我们的兴趣相符，无论你感兴趣的内容是本地政治、媒体报道较少的国家的新闻还是国会的动向，你都应当筛选出你关心的信息，然后忽略其他信息。你可以退订那些没有时间或兴趣阅读的电子邮件订阅内容，并且不再订阅那些不感兴趣的报纸杂志。

## 练　习

### 简化生活问卷

现在，轮到你了。花点时间仔细想想你可以通过什么样的方式简化自己的生活。找一张白纸，写下下面这些问题的答案。

1. 如果1分代表生活非常简单，10分代表生活非常复杂，从1分到10分，你会给自己目前的生活打几分？

2. 在过去的一年里，你有没有做什么会让自己的生活变得更简单的事？如果有的话，具体是什么？

3. 总的来说，你想做出哪方面的改变来让自己的生活更简单？

4. 明年你愿意做出哪方面的改变来让自己的生活更简单？

## 练　习

### 简单生活清单

阅读以下简化生活的方法，用√标记出你想在未来两个月尝试或开始去做的事情，并用下划线画出你想在未来一两年去做的事情。

- 清理家中堆积的杂物
- 搬到面积较小的房子里生活
- 搬到规模较小的城市生活
- 把家搬到商场附近，这样可以节省买东西的时间
- 少买衣服，关注衣服的功能、耐穿性和美观性，而不是潮流
- 换一辆省油的小车
- 减少看电视的时间

- 减少对外在娱乐方式(电影院、游戏厅、剧院、音乐会、夜店等)的依赖
- 少订阅(或不订阅)杂志
- 取消订阅的报纸
- 停收垃圾信件
- 不要每次电话铃响的时候都接电话
- 减少通勤时间(尽可能走路或骑自行车上下班)
- 在家办公
- 告诉除家人以外的所有人,你不会再准备圣诞礼物(或贺卡)了
- 度假时只带一个行李箱,只装上必要的衣物
- 在离家不太远的地方度假
- 少买奢侈品或设计师原创商品,多选择耐用、好修理和环保的产品
- 减少负债
- 只保留一张信用卡
- 让自己有足够的存款,维护好银行账户
- 将收拾院子、打扫屋子或报税等工作交给别人去做
- 简化饮食结构,多吃天然的、未经深加工的食物
- 减少逛超市的频率,每次多买一些东西
- 少喝饮料多喝水

- 上班时自备午餐
- 学会拒绝
- 不要试着改变其他人
- 不要总想取悦其他人 ——做自己
- 扔掉所有不必要的个人物品
- 做自己想做的工作
- 适度工作，多花些时间陪伴自己最爱的人

有些改变很快就能完成，而有些改变则需要一个过程。例如，调整工作，真正去做自己喜欢的工作可能要花上一两年的时间。清理杂物时，可以先把那些你觉得一年里都不会用到的东西锁起来，一年后，如果你真的从来没想过用它们，就都丢掉吧。学会拒绝或不去取悦他人需要的是自信的技巧，这些技巧可以通过上课、研讨、咨询和看书来掌握。要记住，简化生活是一个过程，在这个过程中，你的日常活动、工作和追求都会逐渐与你的精神趋向一致。

# 第十章

# 接纳精神性

根据我们的定义来看，精神性与宗教不同，一个没有任何宗教信仰的人也可以去探索并深化生活的精神层面。对大部分人来说，培养精神性意味着将意识拓展到个性和日常事务之外。建立精神上的联系则表示超越现实的平凡生活，去探寻更强大的力量。将这种力量看成是爱或宇宙其实都可以，重点在于要让自己向这种力量逐渐靠近。

精神上的意识加强之后，你就能够意识到你在这个世界上的独特意义。从更开阔的精神层面来看待世界时，生活中的烦恼和恐惧也就会烟消云散。有了更强大的精神支柱，焦虑和那些会导致焦虑的假设都会变得无足轻重。

## 精神性如何带来平静的心态

培养精神性无法替代传统的焦虑治疗方法，但却是恢复健康的过程中非常重要的一环。锻炼自己的精神性可以改变自身的一些看法、态度和信仰，从而显著改善焦虑的症状。

●○ **恢复的希望**。所有曾与焦虑抗争过的人都知道，恢复心理健康并不是一帆风顺的过程，其间会经历退步、挣扎和失望，恐惧也会带来长期的压力。而精神性则会给人希望：让你相信痛苦终会过去，未来也不会再充满恐惧。通过某些特定的形式锻炼精神性可以经常获得启发，从而鼓励自己在恢复的过程中坚持下来。“启发”这个词代表启迪精神。精神性无法替代那些学习和练习就可以控制焦虑症状的“屡试不爽”的方法，但是在恢复过程中，它可以为你提供面对困难的勇气。

- ○ **应对挑战的一种方式**。我们很幸运能够生活在当今这个时代，因为现在有很多治疗方法都能够有效缓解焦虑。然而，对于那些非常强烈的焦虑症状，如创伤后应激障碍或严重的强迫障碍，认知行为治疗等传统疗法效果就可能没有那么明显。在这种情况下，精神性的发展可能就会带来很大帮助。“十二步骤治疗法”可以将问题通过更高的力量来解决，这一方法帮助很多人解决了那些看似无法解决的困难。其他有效的方式还包括可视化的过程，以及让自己确信无论目前遇到什么困难最终都会康复。精神性的深化可能无法让你摆脱所有的症状，但可以让你用新的视角去看待它们，从而起到缓解的作用。你可以学会与这些症状和解，这样一来，它们就只是你生活中一个可控的问题，而不再是长期的痛苦了。追求内心的安宁、强大和信念可以使你更平和地接受困难和挑战。接受并非退缩或放弃。从精神的层面处理一个问题的时候，你可以将其作为一种工具来强化你与更高力量的联系，从而让自己的能力得到发展。在这种情况下，焦虑也会成为进步的动力，而非前行路上的障碍。

- ○**情绪波动时的安全感**。焦虑的感觉与安全感相对。通常焦虑都是由暴露在危险中的感觉所引发的，同时会让你感觉自己被恐惧所支配。精神性会带来内心的安全感，对缓解焦虑可以起到很大的作用。与更高力量有所联系时可以获取安全感，因为你会确信，即使你感觉自己被所有人孤立或被焦虑所打败，你在宇宙中也并不孤单。当你明白，在遇到困难时可以向某种力量寻求帮助，你就会愈发感到安全。如果你相信无论遇到多大的困难，只要有更高力量的帮助，你都可以解决掉它，就会获得足够的安全感。

- ○**心灵平静**。深度持久的安全感才能带来心灵的平静。你越能够信任并依赖更高力量，就越能够轻松应对生活中无法避免的挑战，而不会感到烦心或恐惧。这并不意味着你要放弃自我意志向这种力量屈服；而是在遇到无法解决的问题时，学会放手并将其交给更高力量去解决。在找不到解决方案时学会放手可以有效缓解焦虑和烦恼，而心灵平静就可以看作是没有烦恼。

- ○**远离自发性情绪反应**。精神练习，特别是冥想，有助于帮你找到最真实的自我——也就是没有被生活经历和情绪所限制的自我。这是一种超越自我的深层次意识，无论你在生活中遇到了什么困扰，这种意识都能长期保持稳定宁静。找到未受限制的自我就像是在焦虑之外找到了一片宁静的绿洲。只要通过长时间的练习就可以找到这样的自我，而冥想、不受打扰的启发性阅读、引导性可视化训练、听启发性的音乐或进行瑜伽、太极等运动都有助于达到这种状态。

●○**学会不再掌控一切**。当你在无法控制的情况中停滞不前时，就会感到担忧，但这只能让你以为自己掌控了一切。其实，如果你非常担心某件事，甚至觉得自己已经为最坏的结果做好了准备，就不会感到措手不及了，但你可能觉得不再花费心思就是放弃对事情的控制。无论是哪种情况，精神性的发展都会让你更愿意放弃掌控权。在不逃避责任的前提下，你可以让自己的更高力量来施加影响，对那些你力所不能及的事情做出决断。“听天由命”这个词指的大概就是这种态度。精神性在这一方面的作用对缓解焦虑有直接的效果。

●○**更加爱自己**。在接触到更高力量后，你与世间万物的联系都会有所加强。要记得，你与小鸟、星辰、绿树一样，都是宇宙的一部分。你眼中的宇宙会变得更加和善、美好，你眼中的自己也会更优秀、可爱，并且是宇宙中值得被尊重的存在。我们对宠物的爱和尊重就是因为它们本身的样子，但我们对自己却常常做不到这一点。无论你有怎样的行为、做了什么选择，你都仍然是美好且优秀的。而且无论你对自己有什么样的负面评价，都不会影响到你和其他物体一样，都是宇宙中的一部分。当然，不应该用这样的想法去为自负或不道德的行为做辩解。

● ○ **不再追求完美**。如果你相信自己的内在价值，就能够避免陷入完美主义的陷阱而无法自拔。自我价值应当完全来源于内心的自我而非外在的成就，因此也就没有必要执着于达成不切实际的目标，无论这种目标是你自己还是周围其他人设定的。当然，设定目标并尽可能努力完成，做到最好，可以让你感觉到生活的充实。其实努力并没有问题，问题在于不应该通过是否能达成目标——甚至完全达成目标，来衡量自己的价值。当你认识到价值是由内在因素决定的，你就能够更好地享受追求成就的过程，而不是被这种过程所限制。

● ○ **无条件的爱**。与更高力量建立联系意味着感受到无条件的爱。世间万物都可以表达出纯洁的爱。这样的爱与普通的友情或浪漫的爱情不同，而是一种同情与关心，无论别人说什么、做什么或感受到什么都不会影响这种爱的存在。这样的爱不带有任何评判的色彩，当你感受到这种爱时，也就会更愿意付出这种爱。你可能会更容易敞开心扉，倾听别人遇到的问题，而不会带着评判的眼光去看待他们，或将自己和他人做比较。无条件的爱可以加强安全感，从而缓解恐惧。

### ●○找到自己的精神性

一千年前，地中海的神学家圣安瑟伦(St. Anselm)认为，任何上帝的概念都是自相矛盾的，因为上帝是无限的，而真正无限的事物应该是任何概念都无法诠释的。然而，试图理解神圣的力量是人类的一种基本冲动。要想思考或讨论更高力量，就有必要下一个定义，即使这种定义是不全面的。

在你看来，更高力量是什么？你与他又有什么样的关系呢？以下这些问题可以帮你理清思绪。

找一张纸把你的答案都写下来：

1. 对你来说，更高力量意味着什么？

2. 在你的认知里，上帝、精神或更高力量有什么样的特性？你会联想到哪些画面和想法？更高力量有没有人格？距离你是否遥远？它是内在的还是外在的？

3. 你是否能有意识地感受到与更高力量的密切联系？你是怎么感受到的？

4. 在接受或联系更高力量的过程中，你觉得有什么障碍？

5. 通过强化自己与更高力量的联系，你希望能够得到什么？

## 建立与更高力量的联系

构建与更高力量的关系和维护人与人之间的关系有一些相似之处。你付出的时间和精力越多，这种关系就会变得越亲密。如果你愿意为了这种关系花更多时间，做出更多努力，那么你与更高力量之间的联系就会成为你生命中不可或缺的一部分。以下是一些可以在生活中开发精神性的方式。

- **祷告**。祷告是一种主动与更高力量沟通交流的方式，祈祷者一般都会提出自己的某种诉求。有时候，你可能希望获得某种特质，例如力量、平静或清晰的思维；其他时候，你想要的可能只是这种更高力量可以出现在某个场合；也有可能你不会提出什么要求，而是将一个问题抛给更高力量。

- **冥想**。冥想的时候，你会安静下来，从而探寻到内心深处，在这里不会做出反应或受到限制，而且与更高力量是相协调的。冥想能帮助你从束缚自己的情绪和思绪中解脱出来，这样你就可以从旁观者的角度去看待它们而不会出现应激反应。几千年来，人们一直将冥想作为稳定情绪的方法和进入内心世界的一种途径。

- **做一些关心他人的服务性工作**。自愿为他人服务或做一些简单的善事可以让精神得到满足，也让你的生活更加充实。

## 练　习

### 精神性练习

找一张纸把以下问题的答案写下来：

1. 你是否有祷告的习惯？多久祷告一次？有什么效果吗？你相信更高力量听到或回应了你吗？

2. 你是否有冥想的习惯？多久冥想一次？每次冥想多长时间？有什么效果吗？

3. 你是否参加其他培养精神性的活动，如唱诗、参加某种仪式、从事舞蹈或灵境追寻？多久参加一次？有什么效果吗？

4. 以上提及的这些活动，你下个月愿意把更多的时间用在哪一项上？

### 仔细考虑以下问题

关注精神层面的生活有助于改变你对困难的看法，缓解恐惧和焦虑。随着精神性的发展，你会更加深入地认识到焦虑的意义以及该如何治愈。以下这些理念可以让你仔细思考自己的精神世界。建议你多花些时间，去思考、接受、反驳或只是理解下面这些理念。

- ○ **生活是一所学校**。生命最主要的意义和目的就是学习，而生活就是意识成长的教室。生命中遇到的所有挑战和你的应对方式都没有什么长远的影响，但它们并非毫无意义，而是像学校里的课程一样，你选择去上这门课而且想要做到最好。课程的内容会不断重复，直到你熟练掌握。学完一门课程之后还会有新的内容等着你去学习。其实，生活在这个世界上就是一个学习和成长的过程。

- ○ **逆境使人成长**。生活中会有很多事让我们感到不开心，这并不是命运的变化无常。从事物发展的过程来看，每件事情都有其目的。如果你认识到生活就是一所学校，那么生活中的困难和麻烦就是学校里的课程。也有人有不同的想法，认为生活中的挫折都是命运多变的体现，这种想法会让人有一种自己是受害者的感觉，并最终感到这个无常的世界充满艰难困苦，而自己却无能为力。

而我们认为，生活中遇到的困难可以让我们变得更加有智慧、更加富有同情心和爱心。越是棘手的困难，就越能让我们从中学习并获得成长。如果你也认同这种想法，那么你可能会想问：在生活这所学校里，是谁安排了这些困难作为课程呢？在生活不顺心的时候，很多人都会问类似的问题。这也是可以理解的，毕竟，看着自己和其他人遇到的种种困难，我们很有可能会想：上苍怎么会允许这样的事情发生？当然，这个问题很难回答。没有人能完全理解我们的生活是如何进行和安排的。我们只能在这种并不完全理解真相的情况下，努力应对生活带给我们的挑战。然而，如果你愿意相信，生命的意义就在于让我们成长为更有智慧、意识和同理心的人，那么你可能就会明白，为什么有些经历会那么艰难。现在你或许仍然感到很困惑，不过至少应该懂得生活中常出现的困难有什么意义了。

- ○ **个人的不足是成长的动力**。我们天生的缺点可以鼓舞自己不断进步，释放自己最大的潜能。想想自己的焦虑，你可能想问：为什么有的人不得不面对惊恐性障碍、广场恐惧症、社交恐惧症或强迫症等障碍所带来的痛苦长达几个月，甚至几年。可能你已经采用了所有的治疗方法(必要的话甚至包括冥想）并出现了显著好转。很多时候，从焦虑障碍中恢复健康是完全可能的事情。然而，假如你在接受了诸多治疗，努力了很长一段时间之后，恢复的效果仍然不理想，难道你就会觉得自己很失败吗？就会觉得自己的方法和毅力不如那些很快恢复的人吗?

如果你一直在很努力地治疗，但是仍然受到各种症状的困扰，那可能就是你要经过更长时间的困难之后才能获得进步。比如，有些人在遇到自己无法解决的问题之后学会了放手，因为这些问题太过复杂和困难，他们不得不放手让更高力量来解决。放手和信任更高力量并不是对自己的生活不负责任，而是在尽自己最大努力的同时，也去向更高力量寻求帮助。

- ○ **创造力让生活充满意义**。创造力不仅仅体现在艺术创作方面，还体现在生活的方方面面，比如烹饪或与家人的交流互动。创造力来自灵感——即精神的流动。如果你能够找到自己创造力的源泉，并认识到自己有能力创造出一些属于自己的作品，那你就会感受到生命的终极意义。而如果你不去锻炼并享受创造力的话，你的生命就是不完整的，而且由于无法表达自己独特的天赋，你也会感到更加焦虑。

- ○ **可以随时获得更高力量的支持和指引**。接受或反对这一点可能会对焦虑有显著的影响。恐惧和焦虑产生的认知基础就是，感觉自己被孤立，在变化的命运面前非常脆弱。但如果你能接受随时寻求更高力量的帮助这一观念并付诸行动，那么你就不会再感到孤独了。即使在孤立无援的时候，更高力量也会一直陪伴着你，为你提供安慰和灵感，这些可以在艰难的日子里让你感到一丝宽慰。更高力量的指引可能以清晰的思路或直觉的形式为你指明前进的方向。

● ○ **灵感可能看似平凡**。灵感不一定看起来就非常明显，更高力量可能会让你在日常生活的小事中发现灵感。对自然感到敬畏、看似毫无由来的洞见、神秘的巧合以及在遇到困难时突然感受到的支持都是更高力量对你的帮助。

● ○ **更高力量会回应真诚的诉求**。“问过之后必会有所收获”这句话虽然出自《圣经》，但无论你追随的是哪种精神传统或教派，这句话其实都适用。

带有祷告活动的宗教都认为，祷告者会得到回应。可能也有过祷告得到回应的经验，似乎祷告时的真诚和热切程度会对这种回应有所影响。比如当你对眼前的情况非常焦虑，几乎是在哭喊着向更高力量寻求帮助时，问题常常会在短时间内有所改善或出现转机。但这并不意味着无论你祈祷什么都能如愿以偿，因为这种回应有很多种形式，有时可能与你的期望并不一致。我们并不能提前知道回应是什么，但我们还是要坚定信念。有一点可以肯定，那就是你一定会得到回应，而且从长期来看，这种回应一定是有利于个人发展的。

● ○ **来自内心最深处的愿望一定可以实现**。真诚的意愿可以在很大程度上促使你做出积极的改变。你会向着这些目标努力，并全身心投入其中。如果这些目标对个人发展有利，并且不会损害他人利益，那么就很有可能会实现。这种真诚的期盼会改变你的意识，让你集中注意力，还会对你周围的环境带来影响。事实上，你周围的其他事物甚至也会配合你实现最深切的愿望。

●○**每个人都是精神的独特表达**。每个人内心最深处都有一部分是与所有生灵相通的，也构成万物的一部分。我们将这一部分称为自我，东方的一些哲学流派也将其称为阿特曼，而西方人习惯称其为灵魂。超个人心理学认为这一部分是高层自我，也就是宇宙精神的个体表达，这种宇宙精神是每个人的精神核心。简而言之，我们每个人的内心都是对于万物共有的精神的个体化表达，就好像每个人都是汪洋大海中的一滴水。有一点很重要，小我意识（性格）并不是神灵的直接投射。而意识自我（人格）则是你在一生中创造出来的复杂概念、记忆、习惯和图像。意识中的自我是自己的创造，它并不是最真实的自我。

●○**邪恶并非是单独的一种力量，而是错用了创造的能力**。当你背离了内心深处的自我，你在脑海和现实中创造出的一切对你和其他人都将不再有益处。邪恶的产生只是人们错用了创造的能力，做决定的时候没有追随灵魂深处的自我。但是如果我们做了违背内心深处的自我意愿(也就是违背了宇宙精神）的事，我们就必须自己承担后果。

邪恶是一个相对的概念。吃不健康的食物可能不利于身体，但不会被看作是邪恶的行为。无意间伤害到其他人同样也并不是邪恶的举动。那些行凶者(例如故意伤害他人的）一定是有意地做出了违背自己的灵魂的罪恶举动。正如之前所说，如果世间万物的精神都是相同的，那么故意伤害他人就是故意伤害自己，也就是对万物造成了伤害。因此，我们"应该”要去做那些有利于自己的事情，或者是我们知道对自己有益的事——这并不是出于道德的考虑，而是因为有利于我们的事情通常都是我们内心深处真正想去做的事。总的来说，如果能够在为人处世的过程中带着爱与同情做事，那就是在追随自己的本心。而所谓的道德约束其实就是遵从内心或灵魂的真正诉求。

● ○ **爱比恐惧更强大**。纯洁的、无条件的爱来自更高力量，也存在于万物的灵魂当中。所有的恐惧都可以理解为不同形式的分离——与彼此分离、与自我分离、与信仰分离。爱比恐惧强大是因为爱有更深层的意义。从意识层面来说，爱就是内心与其他人或其他事物相联系的感受。而从更深层次来看，爱是整个宇宙的基础。东西方的宗教都认同这一点。爱不是我们有或者没有的感受，因为是它定义了我们的内心和我们的本质。恐惧可能也会进入到意识的深层，但永远不会深入到爱的层面，因为只有当我们失去了与其他万物的联系时，才会感觉到恐惧。

人们感受到的大部分焦虑都是来自害怕被抛弃、被拒绝或羞辱，失去控制、不确定性、受到限制、受伤或死亡。根据情况的不同和过往经历，恐惧可能以上述各种形式出现。但是，如果你没有感受到分离，那么就不可能出现任何恐惧的感觉。恐惧的出现代表意识与内心的分离、自身与他人的分离、自身与信仰的分离。

●○**死亡不是终结，而是一种转变**。世界上所有宗教所共有的一个基本认知就是：我们的灵魂不会随着肉体的死亡而消失。这些宗教都认为，个人死亡之后，灵魂会继续存在，但是不同的宗教对死亡之后的诠释有所不同。

你是否对死亡感到恐惧？这种恐惧是不是潜伏在你对疾病或伤痛的恐惧之下？如果确实如此，灵魂永生的观点应该会让你感到宽慰。了解一下不同宗教对灵魂不灭的阐述可能也会有所帮助。此外，还可以读一些描写濒死体验的书籍。不同人在这一方面的体验也会让你对死亡之后的世界展开一些设想。

我们希望本章提及的这些精神观能够对你有所帮助。思考这些观点时，采纳那些你觉得适用的，其他的可以不用管。精神性是自然疗法中最古老也最有效的一种方式。加深你与更高力量的联系会改变你的生活，并带来或大或小的奇迹。与此同时，精神层面的生活并不能代替本书提及的其他治疗方式。你需要花时间放松和锻炼、调整饮食结构、从实际出发思考问题、改变会加剧焦虑的情况、服用营养品、练习冥想并且让自己的生活变得简单，这些都有助于你思绪平静，过上更安宁的生活。

精神性可以赋予你灵感和希望，从而更好地完成既定的治疗。此外，在你遇到困难、感到灰心和迷茫的时候，精神性也会赋予你强大的力量去应对并不断前进。

# 向外界寻求帮助

有一些由专业人士提供的治疗方法可以有效缓解焦虑，尽管这些方式严格意义上来讲不算自我帮助。这里，我们将会介绍5种较为常见，而且也是患有焦虑或有着其他与压力相关的症状的人常用的方式：保健按摩、针灸、脊椎按摩疗法、顺势疗法、自然疗法。这5种方法中的任意一种都可能对你有所帮助。每周进行按摩和（或）针灸会有很好的效果。

## 保健按摩

保健按摩是一种旨在通过有技巧地控制肌肉并放松身体的各种组织，促进深度放松的方法。专业的按摩师通常需要接受500~1000小时的培训，培训内容涵盖解剖学、生理学以及不同的按摩方式，包括瑞典式按摩、深部组织按摩、反射疗法、指压按摩等。

每周做1~2次按摩，每次1小时，可以通过放松长期紧张的肌肉促进深度放松。按摩也可以强化练习渐进式肌肉放松的效果。渐进式肌肉放松更适合于缓解四肢、脖颈和躯干表面的短时肌肉紧张。而按摩，特别是深部组织按摩，可以缓解深层肌肉的长期紧张。除了放松肌肉之外，按摩还有助于促进淋巴循环和肠道蠕动，从而帮助身体排出毒素。

而从心理学的角度来看，在感到压力的时候做一次按摩是养护自己的一种方式。按摩会帮助你更好地面对痛苦及内心的抗拒，更容易让自己的基本需求得到满足。

有很多种不同的按摩形式可供选择。19 世纪彼得·林格(Peter Ling) 所开创的瑞典式按摩，通过运用揉捏、击打、摇晃等手法帮助人体进行放松，这也是最常见的一种按摩形式。与瑞典式按摩相比，深部组织按摩会对深层肌肉施加更大的压力，而且一般情况下，其操作主要集中在不舒服的部位。神经肌肉按摩是深部组织按摩的一个分支，主要作用于激痛点，以缓解长期肌肉紧张。更多有关按摩的内容，请参阅乔治·唐宁(George Downing) 的著作《按摩手册》(*The Massage Book*)(1972)。

## 针灸

针灸在中国有着三千多年的历史，是一种传统的中医疗法，现在风靡全球。与太极一样，针灸也注重通过调节人体内的气血自然而有规律的流通来维持身体健康。而气血指的就是所有生物体内所蕴含的生命能量。气血在体内流动的通道称为经络，每一条经络都与特定的器官相连通。气血流动既不受阻滞也不过快时，身体就处于健康状态。如果气血流动失衡，身体和心理都会出现病症。例如，恐惧就是由于肾经阻滞或气血过旺造成的，针灸治疗能通过调节肾经(及其他辅助性经络)缓解恐惧的情绪。

在针灸治疗的过程中，针灸师将细针扎入人体特定的部位。大部分人只会感到轻微刺痛或没有任何感觉。通常，细针要在身体表面停留20~30分钟，之后你会感到非常放松，神清气爽。如需缓解偏头痛、过敏或背痛等症状，一般需要进行持续治疗(每周两次，持续数周)。若想通过针灸缓解焦虑，则建议连续数月每周进行两次针灸治疗。很多时候，针灸师还会提供草药制成的茶或胶囊让患者回家服用，以巩固疗效。有些患有焦虑症的人表示这类中草药的效果非常好，会在结束针灸疗程后继续服用。

对于不喜欢扎针的患者，针压法是一种常见的替代疗法。针压法(以及类似的指压按摩法)与针灸的作用方法一样，但这两种方法是通过手对经络施加压力，调节气血流通。作为一种调节气血的方式，针压法经济实惠、操作简单，因此，很多按摩治疗师都常会用来为患者进行治疗。其实，你也可以通过练习，掌握针压法，为自己调节气血。迈克尔·加赫(Michael Gach)的著作《针压法的益处：常见疾病的自我治疗》(*Acupressure's Potent Points: A Guide to Self-Care for Common Ailments*)(1990)提供了自我针压疗法的指导。

## 脊椎按摩疗法

对大多数人来说，脊椎按摩疗法是一种旨在缓解由压力或伤病引起的腰背酸痛的方法。不过，从原理上来看，脊椎按摩可以促进脊柱及身体其他部位神经冲动传导，恢复身体健康。脊椎按摩治疗师认为，脊柱承受的各种压力会导致单个脊骨突出，进而阻碍神经递质在身体和大脑以及脊髓与器官之间的传递。如果传递到某个器官的神经递质减少或受限，那么这个器官就有可能会出现功能障碍，导致不适或疾病。受伤会导致脊骨错位，但大部分情况下脊骨错位是由于压力过大造成的。长期处于压力之下会导致肌肉紧张，从而挤压脊骨导致其错位。即使通过锻炼或按摩等方式让肌肉得到放松，脊骨也很难恢复到原来的位置。因此，脊椎按摩师会找到错位的脊骨并让其恢复原位，从而使神经系统正常工作，恢复身体健康。

无论是否有疼痛症状，脊椎按摩对缓解身体长期紧张都有很好的效果。经常进行脊椎按摩有助于保持身体健康。可以询问亲友，请他们推荐附近合格的脊椎按摩师。如果你不希望自己的脊柱受到直接按压，也有很多脊椎按摩师会使用一些非手动的方式进行调节——温和脊椎按摩疗法。

## 顺势疗法

顺势疗法由德国医生塞缪尔·哈内曼(Samuel Hahnemann）于18世纪晚期创立。顺势疗法的理论基础是：为了治疗某种疾病，需要患者服用一种能够导致健康的人出现同种疾病症状的物质。顺势疗法所使用的药物称作制剂，指的就是微量的多种天然物质。

如果你只了解西方医学，可能会觉得顺势疗法非常奇怪，但顺势疗法在美国曾经非常流行。后来，由于政治环境以及抗生素的兴起等原因，这种疗法逐渐没落。然而，在过去45年的时间里，随着自然健康运动在美国开展，顺势疗法再度兴起。此外，顺势疗法在欧洲、拉丁美洲及印度大部分地区一直是一种常用的医疗手段。

如果你从未接受过顺势疗法，那么第一次顺势疗法治疗将会是非常新奇的体验。首先，医生会与你进行一次深入的谈话。由于制剂要根据你的总体症状来配制，你可能会觉得医生的很多问题都与自己的症状完全无关。其实，对于顺势医疗师来说，焦虑只是你身体诸多病症中的一个症状，它远远不能定义你的状况，所以为了给你提供正确的药物，医生需要通过许多问题来了解你身体、情绪和精神的健康状况。

## 自然疗法

自然疗法建立在相信大自然的治愈能力（拉丁语：vis medicatrix naturae）的基础上，注重以自然的治疗方式预防疾病，并通过刺激人体内的自愈能力来保持健康。自然疗法医生均接受过专业培训，他们会关注患者的整体健康情况，因而也就明白实现身体、心理和精神的和谐统一非常重要。这些专业培训会让他们充分了解传统科学，但同时也包含许多营养学、植物药理学、理疗学、心理咨询、中医及顺势疗法等方面的知识。

找自然疗法医生看病是一种很特别的体验。医生会问你很多关于饮食结构、生活方式和情绪健康的问题。他们可能不会给你开药，但会让你学到很多有利于身体健康的知识。他们可能也会通过其他方式，如保健按摩、针灸、脊椎按摩、顺势疗法或草药来帮助你恢复健康。

## 全面的健康体检

本书的一个基本前提就是：无论何种形式的焦虑，都会受到整体健康状况的影响。如果你的生活方式可以让你保持身体的最佳状态，那么焦虑就可能会消失，至少可以比较容易得到缓解。

因此，我们给读者的最后一个建议就是去做一次全面的健康体检。这一系列检查需要在医生的指导下进行，通常是由全科医生或自然疗法医生来协助完成。要注意，这里所提及的大部分检查项目都不是传统的体检项目，事实上，这些检查是用来筛查那些主流医学检查所发现不了的问题的。

根据你的具体症状，你可能只需要做一两项检查，但也可能以下 10 项检查都要做一遍。这些检查可以帮助你发现本书描述的大部分健康问题，还有一些我们没有讨论到的。当然，你也可以与全科医生讨论更多有关检查内容的问题。

- **毛发检查**。检查是否缺少微量元素或有重金属中毒现象。
- **葡萄糖耐量试验**。检查是否患有中度至重度低血糖。

- ○ **酶联免疫吸附测定**(ELISA, enzyme-linked immunosorbent assay) **及抗过敏原吸收试验**(RAST, radio-allergosorbent test)。全面检查食物过敏原。

- ○ **念珠菌抗体测试(免疫球蛋白 G、免疫球蛋白 A、免疫球蛋白 M)**。检查肠道或全身是否感染念珠菌。

- ○ **通过血液或唾液检测皮质醇与脱氢表雄酮**(DHEA)。检查是否有肾上腺疲劳的症状或年龄引起的 DHEA 水平下降。

- ○ **全面的粪便分析**。检查体内是否有寄生虫、念珠菌以及肠道细菌菌落生态异常。细菌菌落生态异常指的是一种不健康的肠道环境，即肠道内有过量柠檬酸杆菌和假单胞菌等有害菌落，同时缺乏乳酸杆菌和双歧乳杆菌等有益健康的菌落。改善肠道菌落生态有助于缓解多种消化道症状，包括念珠菌感染和肠易激综合征。

- ○ **完整的甲状腺检查(促甲状腺激素、三碘甲状腺原氨酸 T3、血清甲状腺素、抗甲状腺球蛋白、抗甲状腺过氧化物酶)**。检查是否患有与焦虑症状类似的甲状腺机能亢进或常导致困倦和疲惫的甲状腺功能减退。

- ○ **肝酶检查**。检测肝脏中是否含有过量毒素，其功能是否受到影响。

- ○ **隐吡咯检查**。通过尿检确认是否患有皮鲁罗亚病。

• ○ **组胺检查**。通过抽血检查是否有组胺过高或过低的情况。

## 求助相关领域的医务人员

找到注重身体整体性的医生(MDs) 或持全科理念的医生(DOs)。[①] 在华盛顿、俄勒冈、夏威夷、犹他、蒙大拿和亚利桑那等州，也可以向自然医师寻求帮助，这些医生在经过三年医学预科课程后还接受过四年专业培训。如需联系医生，可向以下机构咨询：

美国医学发展学院(American College for Advancement of Medicine，ACAM)：(949) 583－7666 或(800) 532－3688；www. acam. com/doctorsearch. php.

美国全人医疗协会(American Holistic Medical Association，AHMA)：(703) 556-9728；www. holisticmedicine. org.

美国自然疗法医师协会(The American Association of Naturopathic Physicians)：(877) 969-2267；www. naturopathic.

---

① MD (s) (Doctor of Medicine)：医学学位，属于专业学位(Professional Degree)。具有 MD 学位的人，可以参加美国医师执照考试 (United States Medical Licensing Examination，USMLE)，然后申请住院医生培训。DO (s) (Doctor of Osteopathic Medicine) 也是医学学位，注重全科治疗，也可申请住院医生培训。

org.

如需联系针灸师，请咨询：

全国针灸与中医联盟(National Acupuncture and Oriental Medicine Alliance):(253) 851-6883；www. acull. org.

# 延伸阅读及补充资料

## 放松


Benson, Herbert. 1975, *The Relaxation Response*. New York: Morrow.

Davis, Martha, Elizabeth Eshelman, and Matthew McKay. 2000. *The Relaxation & Stress Reduction Workbook*. 5th ed. Oakland, Calif.: New Harbinger Publications.


## 运动


Cooper, Robert K. 1989. *Health and Fitness Excellence*. Boston: Houghton Mifflin.


## 饮食


Balch, James, and Phyllis Balch. 1997. *Prescription for Nutritional Healing*. 2nd ed. Garden City Park, N. Y.: Avery Publishing Group.

Dufty, William. 1974. *Sugar Blues*. New York: Warner Books.(关于低血糖的热门书籍)

Haas, Elson M. 1992. *Staying Healthy with Nutrition*. Berkeley: Celestial Arts.(内容全面，适合外行人阅读的营养学著作。)

Robbins, John. 1987. *Diet for a New America*. Walpole, N. H.: Stillpoint Publishing.

Sears, Barry. 1995. *The Zone*. New York: HarperCollins.

Weil, Andrew. 1995. Natural Health, Natural Medicine. New York: Houghton Mifflin.

Weil, Andrew. 1995 Spontaneous Healing. New York: Fawcett Columbine.(韦伊的这本著作内容丰富，语言流畅，帮助很多读者探索了替代性治疗方法，进而保持身体健康。)

## 冷静思考

Bourne, Edmund J. 2000. *The Anxiety & Phobia Workbook*. 3th ed. Oakland, Calif.: New Harbinger Publications.

Bourne, Edmund J., and Lorna Garano. 2003. *Coping with Anxiety*. Oakland, Calif.: New Harbinger Publications.

Helmstetter, Shad. 1982. *What to Say When You Talk to Yourself*. New York: Pocket Books.

McKay, Matthew, Martha Davis, and Patrick Fanning. 1997. *Thoughts and Feelings: The Art of Cognitive Stress Intervention*. 2nd ed. Oakland, Calif.: New Harbinger Publications.

Weekes, Claire. 1978. *Hope and Help for Your Nerves*. New York: Bantam.（本领域内的经典著作，至今仍然意义深远。）

Zeurcher ~ White, Elke. 1995. *An End to Panic*. Oakland, Calif.: New Harbinger Publications.

## 加剧焦虑的生理状况

（拉尔森和罗斯的著作深入探讨了不同生理状况对焦虑和情绪障碍的影响，非常值得一读。）

Bender, Stephanie. 1989. *PMS: Questions and Answers*. Los Angeles: Sloan.

Crook, William. 1989. *The Yeast Connection*. 3rd ed. Jackson, Tenn.: Professional Books.

Larson, Joan Mathews. 1999. *Depression Free, Naturally*. New York: Ballantine.

Ross, Julia. 2002. *The Mood Cure*. New York: Penguin Books.

Rosenthal, Norman. 1993. *Winter Blues: Seasonal Affective Disorder and How to Overcome It*. New York: Guilford Press.

Wilson, James L. 2001. *Adrenal Fatigue*. Petaluma, Calif.: Smart Publications.

## 营养品

Bloomfield, Harold. 1998. *Healing Anxiety with Herbs*. New York: HarperCollins.

Bloomfield, Harold, Mikael Nordfors, and Peter McWilliams. 1996. *Hypericum & Depression*. Santa Monica, Calif.: Prelude Press.

Brown, Richard. 1999. *Stop Depression Now*. New York: Putnam.（关于腺苷甲硫氨酸 SAM~e 的全面介绍）。

Cass, Hyla, and Terrence McNally. 1998. *Kava: Nature's Answer to Stress, Anxiety, and Insomnia*. Rocklin, Calif.: Prima Health.

Davidson, Jonathan, and Kathryn M. Connor. 2000. *Herbs for the Mind*. New York: Guilford Press.

Larson, Joan Mathews. 1999. *Depression Free, Naturally*. New York: Ballantine.

Ley, Beth M. 1996. *DHEA: Unlocking the Secrets to the Fountain of Youth*. Newport Beach, Calif.: BML Publications.

Mindell, Earl. 1979. *Vitamin Bible*. New York: Warner Books.

Mindell Earl. 1992. *Herb Bible*. New York: Fireside Books.

Ross, Julia. 2002. *The Mood Cure*. New York: Penguin Books.

Slagle, Priscilla. 1987. *The Way Up from Down*. New York: Random House.

Tierra, Michael. 1990. *The Way of Herbs*. New York: Pocket Books.

Weil, Andrew. 1995. *Natural Health, Natural Medicine*. New York: Houghton Mifflin.

## 冥想

Goldstein, Joseph, and Jack Kornfield. 1987. *Seeking the Heart of Wisdom: The Path of Insight Meditation*. Boston: Shambhala.

Harp, David. 1996. *The Three ~ Minute Meditator*. 3rd ed. Oakland, Calif.: New Harbinger Publications.

Kabat-Zinn, Jon. 1990. *Full Catastrophe Living*. New York: Delta.

Kabat-Zinn, Jon. 1994. *Wherever You Go, There You Are*. New York: Hyperion.

Kornfield, Jack. 1993. *A Path with Heart*. New York: Bantam.

LeShan, Lawrence. 1974. How to Meditate. New York: Bantam.

Levine, Stephen. 1989. *A Gradual Awakening*. New York: Anchor.

## 正念训练

*Basic Yoga Workout for Dummies*. 2001. Anchor Bay Entertainment. VHS and DVD.

Cohen, Ken. 1996. *Qi gong: Traditional Chinese Exercises for Healing Body, Mind, and Spirit*. Sounds True Video. VHS.

*Eight Simple Qi gong Exercises for Health*. 2003. YMA Publication Center VHS.

Hessel, Jillian. 2003. *Pilates for Beginners*. Living Arts. VHS and DVD.

Hittleman, Richard. 1985. *Yoga for Health*. New York: Ballantine.

Iyengar, B. K. 1995. *Light on Yoga*. New York: Schocken Books.

Lam, Paul. 2001. *Tai Chi—The 24 Forms*. VHS and DVD.

McFarland, Stewart, and Mew Mong Tan. 1997. *Complete Book of Tai Chi*. New York: DK Publishing.

Pierce, Margaret, and Martin Pierce. 1996. *Yoga for Life*. Portland, Oreg.: Rudra Press.

*Pilates Beginning Mat Workout*. 2000. Living Arts. VHS and DVD.

*Pilates for Dummies*. 2001. Anchor Bay Entertainment. DVD.

*Qi gong for Healing*. 2003. Living Arts. VHS.

*Sacred Yoga Practice Vinyasa Flow*. 2003. Goldhiss Home Media I. VHS and DVD.

Shou~yu Liang and Wen~ching WU. 1996. *Qi gong Empowerment: A Guide to Medical, Taoist, Buddhist Wushus Energy Cultivation*. East Providence, R. L.: Way of Dragon

Press.

*Tai Chi—Energy Training for Mind & Body*, vols. 1 and 2. 2003 Golden Pictures. DVD.

*Yoga Zone Yoga Basics 5 Pack*. 2002. Koch Vision Entertainment. VHS.

## 简单生活

Eisenson, Marc, Gerri Detweiler, and Nancy Castleman. 2001. *Stop Junk Mail Forever*. Elizaville, N. Y.: Good Advice Press.

Elgin, Duane. 1993. *Voluntary Simplicity*. New York: William Morrow.

Fanning, Patrick, and Heather Garnos Mitchener. 2001. *The 50 Best Ways to Simplify Your Life*. Oakland, Calif.: New Harbinger Publications.

Mundis, Jerold. 1990. *How to Get Out of Debt, Stay Out of Debt, and Live Prosperously*. New York: Bantam.

St. James, Elaine. 1994. *Simplify Your Life*. New York: Hyperion.

## 精神性


Borysenko, Joan. 1993. *Fire in the Soul*. New York: Warner Books.

Bunick, Nick. 1998. *In God's Truth*. Charlottesville, Va.: Hampton Roads Publishing.

Caddy, Eileen. 1979. *The Dawn of Change*. Forres, Scotland: Findhorn Publications.

Chopra, Deepak. 1994. *The Seven Spiritual Laws of Success*. San Rafael, Calif.: New World Library.

Dossey, Larry. 1989. *Recovering the Soul: A Scientific and Spiritual Search*. New York: Bantam.

Harmon, Willis. 1988. *Global Mind Change*. New York: Warner Books.

Moody, Raymon. 1976. *Life After Life*. New York: Bantam.

Norwood, Robin. 1994. *Why Me, Why This, Why Now*. New York: Carol Southern Books.

Peck, Scott. 1978. *The Road Less Traveled*. New York: Simon & Schuster.

Peck, Scott. 1993. *Further Along the Road Less Traveled*.

New York: Simon & Schuster.

Redfield, James. 1993. *The Celestine Prophecy*. New York: Warner Boooks.

Ring, Kenneth. 1985. *Heading toward Omega*. New York: William Morrow.

Rodegast, Pat. 1985. *Emmanuel's Book*. New York: Bantam.

Rodegast, Pat. 1985. *Emmanuel's Book, II*. New York: Bantam.

Talbot, Michael. 1992. *The Holographic Universe*. New York: HarperCollins.

Virtue, Doreen. 1998. *Divine Guidance*. New York: Warner Books.

Walsch, Neale. 1996. *Conversations with God (Book I)*. New York: Putnam.

Williamson, Mariannne. 1994. *Illuminata*. New York: Radom House.

Zukav, Gary. 1990. *The Seat of the Soul*. New York: Fireside Books.

# 参考书目

## 第一章

Benson, Herbert. 1975, *The Relaxation Response*. New York: Morrow.

Jacobson, Edmond. 1974. *Progressive Relaxation*. Midway Reprint. Chicago: University of Chicago Press.

## 第三章

Sears, Barry. 1995. *The Zone*. New York: HarperCollins.

## 第四章

Weekes, Claire. 1978. *Hope and Help for Your Nerves*. New York: Bantam.

## 第五章

Larson, Joan Mathews. 1999. *Depression Free, Naturally*. New York: Ballantine.

Pfeiffer, Carl. 1975. *Mental and Elemental Nutrients: A*

*Physical Guide to Nutrition and Health Care.* New Canaan, Conn.: Keats Publishing.

Rosenthal, Norman. 1993. *Winter Blues: Seasonal Affective Disorder and How to Overcome It.* New York: Guilford Press.

Seyle, Hans. 1984. *The Stress of Life.* New York: McGraw ~ Hill.

## 第六章

Bloomfield, Harold, Mikael Nordfors, and Peter McWilliams. 1996. *Hypericum & Depression.* Santa Monica, Calif.: Prelude Press.

Brown, Richard. 1999. *Stop Depression Now.* New York: Putnam.

Cass, Hyla, and Terrence McNally. 1998. *Kava: Nature's Answer to Stress, Anxiety, and Insomnia.* Rocklin, Calif.: Prima Health.

Davidson, Jonathan, and Kathryn M. Connor. 2000. *Herbs for the Mind.* New York: Guilford Press.

Dragull, Klaus, Wesley Y. Yoshida, and Chung ~ shih Tang. 2003. Piperidine alkaloids from Piper methysticum. *Phytochemistry* 63 (2): 193 ~ 68

## 第七章

Kabat～Zinn, Jon. 1990. *Full Catastrophe Living*. New York: Delta.

Kabat～Zinn, Jon. 1994. *Wherever You Go, There You Are*. New York: Hyperion.

## 第八章

Goldberg, Burton. 1993. Fife, Wash.: Future Medicine Publishing, Inc.

## 第九章

Elgin, Duane. 1993. *Voluntary Simplicity*. New York: William Morrow.

Fanning, Patrick, and Heather Garnos Mitchener. 2001. *The* 50 *Best Ways to Simplify Your Life*. Oakland, Calif.: New Harbinger Publications.